U0229017

理想·宅 编

装修施工随身查

化学工业出版社
·北京·

内容简介

本书根据装修施工的全流程，从整体工序到不同工种，分别介绍了每个施工阶段所要进行的实际操作。按照装修现场施工流程展开，分为六章，分别是装修拆除施工、装修水电施工、瓦工现场施工、木工现场施工、油漆工现场施工和安装现场施工。通过直观的图示让读者了解不同的工序环节，学习现场操作细节，从而让装修施工过程变得清晰、具体，以便更好地掌握装修施工技能。

本书可供施工技术人员进行装修现场施工时参考，也可供装修业主作为一本规范化的装修验收指南使用。

图书在版编目（CIP）数据

装修施工随身查/理想·宅编.—北京：化学工业出版社，2021.4（2023.3 重印）
ISBN 978-7-122-38688-5

Ⅰ.①装… Ⅱ.①理… Ⅲ.①住宅-室内装修-工程施工-基本知识 Ⅳ.①TU767

中国版本图书馆CIP数据核字（2021）第042901号

责任编辑：王 斌 毕小山　　文字编辑：冯国庆
责任校对：王 静　　装帧设计：刘丽华

出版发行：化学工业出版社（北京市东城区青年湖南街13号 邮政编码100011）
印　　装：北京科印技术咨询服务有限公司数码印刷分部
710mm×1000mm 1/32 印张9 字数700千字 2023年3月北京第1版第3次印刷

购书咨询：010-64518888　　售后服务：010-64518899
网　　址：http://www.cip.com.cn
凡购买本书，如有缺损质量问题，本社销售中心负责调换。

定　价：45.00元　

Preface

前言

现场施工是室内装修的核心环节，其施工质量的好坏，直接决定了设计的完成度和入住之后的舒适度。然而，装修施工不仅烦琐复杂，而且需要专业的技术和熟练的经验，无论是专业的设计师、施工人员，还是有装修需求的业主，都很难做到完全掌握每一个施工环节与细节要点。为此，我们编写了这本书，为了规避常见施工书阅读的枯燥感，本书使用了随身查的形式，提炼出装修施工的要点，不仅查找更快速，阅读也更轻松。

本书围绕着装修施工的流程，按照前后顺序分别讲解了拆除施工、水电改造、泥瓦工施工、木作施工、油漆施工和现场安装六种最常见的施工项目。通过介绍施工项目所需的工具、施工的步骤以及施工中需要注意事项和具体的施工要点，对施工项目进行简洁但又清晰的解释，使读者在阅读时能快速地获取到想要的知识点。同时，本书以文字＋现场施工图的形式呈现，图文对应讲解更直观好懂，也能减少枯燥感。

由于编者水平有限，书中不足之处在所难免，希望广大读者批评指正。

编者

目 录

CONTENTS

第一章　装修拆除施工

第二章　装修水电施工

第三章　瓦工现场施工

第四章　木工现场施工

第五章 油漆工现场施工

第六章　安装现场施工

1

第一章
装修拆除施工

毛坯房以墙体拆除为主，主要是通过拆除墙体来改变室内的格局，达到重新布局的目的。二手房的拆除内容较多，涉及木作、墙地砖、墙顶面漆、木地板和洁具等项目，因此拆除必须按照一定的步骤次第进行。

1.1 墙体拆除

使用工具

大锤

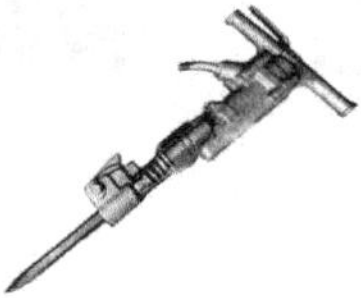
风镐

墙壁切割机

施工流程

1. 定位拆除线
2. 切割墙体
3. 打眼
4. 拆墙

注意事项

不可拆除的墙体

厚度≈ 360mm 的建筑外墙，敲击声低沉、沉闷的墙体，十字、T 字形交叉位置的墙体，内部含有钢筋的混凝土墙体，阳台边的矮墙。

可拆除的墙体

厚度< 120mm 的砖砌墙体，敲击声清脆且有较大回声的轻体墙，长度> 4m 墙体的中间位置，主卧室邻近主卫的墙体。

1.1.1 定位、切割

施工要点

（1）用粉笔在墙面画出轮廓，避开开关插座、强电箱等电路端口，标记隐藏在墙体内部的电线。

（2）使用手持式切割机，要先从上向下切割竖线，再从左向右切割横线。切割深度为 20~25mm。墙体正反两面都要切割。

手持式切割机作业

（3）使用大型的墙壁切割机，切割深度超过墙体厚度 10mm 为宜。

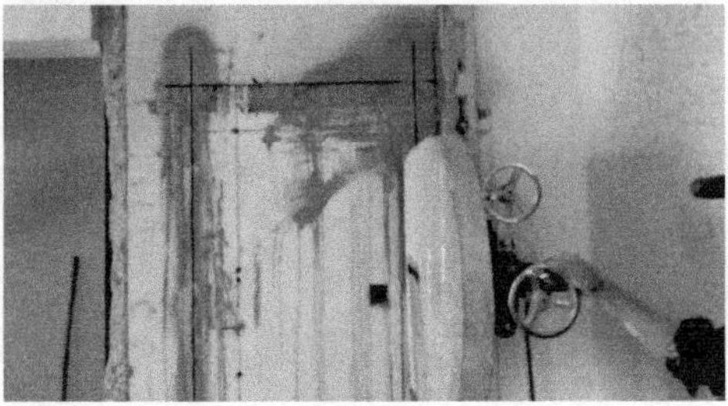

专业墙壁切割机作业

1.1.2 风镐打眼

施工要点

（1）风镐不可在墙体中连续打眼，要遵循多次数、短时间的原则。

（2）拆除大面积墙体时，使用风镐在墙面中分散、均匀地打眼，减少后期使用大锤拆墙的困难度。

（3）接近拆除线的位置，使用风镐拆墙，避免使用大锤时用力过猛，破坏其他部分墙体。

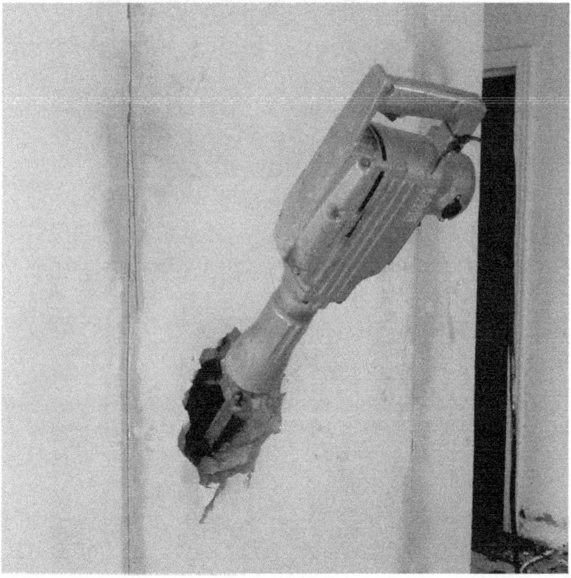

风镐打眼作业

1.1.3 大锤拆墙

施工要点

（1）使用大锤拆墙时，先从侧边的墙体开始，逐步向内侧拆墙。

（2）拆墙作业时应当从下面墙体逐步、呈弧形向上面扩展，防止发生坍塌危险。

（3）拆墙遇到穿线管时，不可将穿线管砸断，应保留穿线管，让其自然地垂挂在墙体中。

大锤拆墙

拆墙保留穿线管

1.2 防盗门拆除

使用工具

螺丝刀

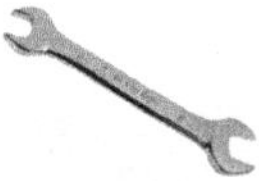

扳手

撬棍

施工流程

1 拆门合页 —— 2 拆门槛 —— 3 拆门套

注意事项

取下防盗门时，要用双手把住门扇中间偏下位置，匀速将其挪开，然后呈一定角度斜靠在墙边。

1.2.1 拆门合页

施工要点

（1）将门扇开启到 90°，在门扇的下方垫上木方，使门扇固定。

（2）用花纹螺丝刀拧下合页。先拧上面的合页，再拧下面的合页，最后拧中间的合页，这样可以保证门扇不会歪斜。

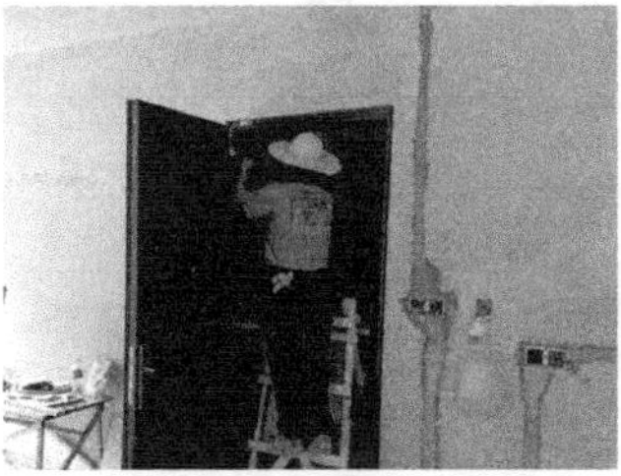

拆门合页

门扇斜靠在墙边

1.2.2 拆门槛

施工要点

用大锤将防盗门内侧的门槛石敲碎，将水泥砂浆敲松。靠近防盗门外侧改用撬棍。

1.2.3 拆门套

施工要点

用撬棍敲松门套周围的水泥砂浆，轻轻撬起门套，然后将门套拆除。

1.3 室内门拆除

使用工具

螺丝刀

锋利刀具

冲击钻

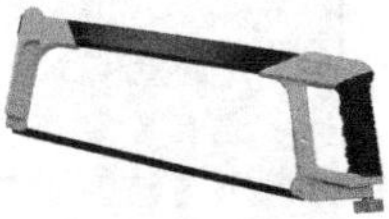

钢锯

施工流程

①拆门合页——②拆门套

注意事项

室内门拆除时，可能对门洞口造成一定的破损，如果不进行处理，则不利于新门的安装。因此，门拆卸完之后，需要复核洞口尺寸是否正确、是否做到横平竖直，对不符合要求的洞口进行处理。

1.3.1 拆门合页

施工要点

将室内门开合到 90°，使室内门靠紧门吸。用花纹螺丝刀将合页拧下，将门扇倾斜摆放在墙边。

拆除后保留完好的室内门

1.3.2 拆门套

施工要点

（1）**不破坏墙面拆除方法。**从门套线的内侧开始拆除，用锤子将门套砸出缺口，用撬棍扳下门套。这样虽然会将门套破坏，但可以保护墙面不受损坏。

（2）**不破坏门套线拆除方法。**从门套线的外侧开始拆除，用撬棍将门套线的密封胶撬开，从上到下全部撬开，然后分别扳起门套线的上下两侧，拆下门套线。这种方式会对墙面漆产生破坏，但可以完好地保留门套线。

1.4 户外窗拆除

使用工具

锤子

螺丝刀

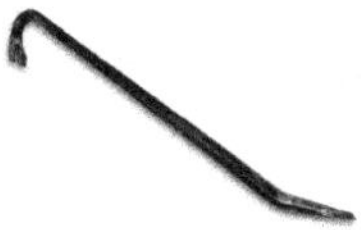

撬棍

施工流程

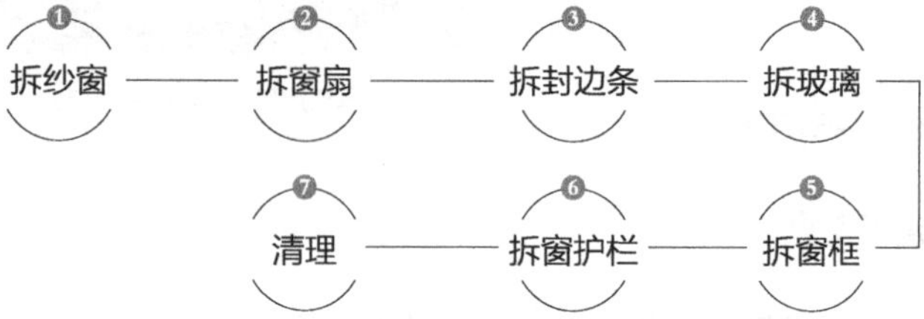

注意事项

户外窗直接连通着室外，窗户拆下来之后，窗边、窗框的水泥块、胶条等建筑垃圾应及时清洁，以防落到室外砸到行人。对于高层的住宅楼，尤其应注意清理工作。

1.4.1 拆纱窗

施工要点

打开活动窗扇，收起纱窗，用螺丝刀拧开或撬开纱窗盒两侧的固定件，将其拆卸下来，堆放在一边。

准备拆除窗纱

1.4.2 拆窗扇

施工要点

（1）拆除开合式窗扇

① 用螺丝刀将窗扇的三角支架拧松，将支架拆卸下来。

② 将窗扇开合到 90°，一人把住窗扇，一人用花纹螺丝刀将合页和窗扇拆卸下来。

（2）拆除推拉式窗扇

① 双手把住窗扇的中间位置，轻轻向上拔起，拔起到完全顶住窗框架的上檐。

② 均匀用力，将窗扇的左下角或右下角向外拉，待窗下边左右两角完全出来后，再向外用力拉拽窗扇，直到窗扇脱离轨道。

拆除推拉式窗扇

1.4.3 拆封边条、拆玻璃

施工要点

（1）将窗户四边的胶条用刀具划开，再用扁头螺丝刀撬开封边条。

（2）从窗的外侧轻轻敲击、推动玻璃，使玻璃与窗框架脱离，将玻璃拆卸下来，倾斜靠在墙边。

被拆卸下来的玻璃

1.4.4 拆窗框

施工要点

（1）膨胀螺栓拆除方法

① 如果窗框架采用膨胀螺栓与墙体连接的方式，可直接使用花纹螺丝刀将膨胀螺栓拧下来，然后使用撬棍将窗框架敲松，拆卸下来，堆放在一边。

窗框架拆除施工

② 如果窗框架老化，膨胀螺栓生锈，需要使用冲击钻将膨胀螺栓打碎，然后使用撬棍拆卸窗框架。

用撬棍拆除窗框架

（2）连接片拆除方法

① 如果窗框架采用连接片与墙体连接的方式，需要用冲击钻将连接片拆除，然后用撬棍拆卸窗框架。

② 如果窗框架老化严重，需要使用钢锯将窗框架的中间部分锯开，或将窗框架锯成多个片段，然后用撬棍拆卸下来。

拆除下来完好的窗框架

1.4.5 拆除窗护栏

施工要点

（1）使用锤子将窗护栏和墙面衔接处的金属盖敲松，并拆卸下来。

（2）使用切割机靠近墙边纵向切割，将窗护栏切断。由于切割机的切割片深度有限，因此要绕着窗护栏切割，避免直上直下地切割，影响切割机的使用寿命。

（3）应选择便携式的手持切割机，以操作方便为主。

（4）将切断后的窗护栏统一堆放在一起，然后准备取出墙内的膨胀螺栓。

（5）在膨胀螺栓可以转动的情况下，将其拧出来，然后用水泥砂浆将豁口填满。

（6）在膨胀螺栓生锈老化的情况下，使用切割机将其锯断到可隐藏在墙内的位置，然后用水泥砂浆将豁口填满。

拆卸下来的窗护栏

1.5 墙、地砖拆除

使用工具

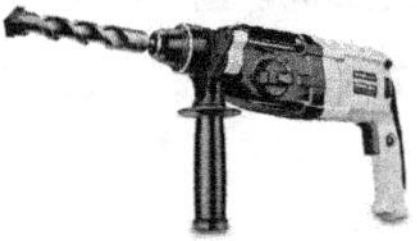

冲击钻

锤子

撬棍

施工流程

① 拆地砖 —— ② 拆墙砖

注意事项

拆除完墙砖及地面砖后，要及时进行收集、清理，同时对下水道口进行封堵，这样可以避免拆杂时产生的碎片堵塞下水道。

1.5.1 拆地砖

施工要点

（1）保留地砖拆除方法

① 从门口位置开始拆除，将紧挨门口的地砖使用撬棍或凿子撬起，然后用扁头的凿子一片片地往里撬，直到将所有的地砖拆除。

② 如果水泥砂浆的牢固度较低，可以用锤子将扁凿敲进地砖和水泥地面中间的缝隙，这样可以将整块地砖撬起来，而不会损伤到地砖。

（2）粉碎地砖拆除方法

使用冲击钻将地砖打碎，将水泥砂浆层搅碎。待所有地砖全部粉碎后，统一装袋，堆放在一起，准备清运到楼下。

冲击钻粉碎地砖

1.5.2 拆墙砖

施工要点

（1）从窗口的位置开始拆除，具体的拆除方法和地砖一样。

（2）墙砖拆除从窗口开始后，先拆除到顶面，再向地面拆除，这样拆除安全系数高，避免墙砖发生脱落现象。

冲击钻粉碎墙砖

1.6 木地板拆除

使用工具

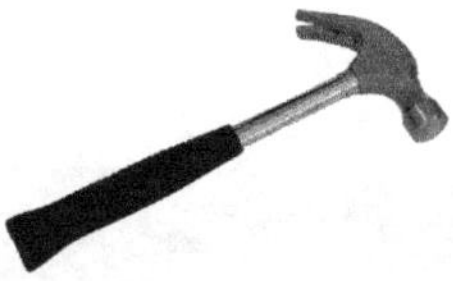

羊角锤

撬棍

施工流程

①拆踢脚线——②拆木地板——③拆木龙骨——④清理

注意事项

拆除木地板时，要顺着龙骨铺设方向拆除，这样可以减少对木地板的损坏。

1.6.1 拆踢脚线

施工要点

（1）用撬棍或羊角锤将门口侧边的踢脚线撬起。室内门拆除后，门口的踢脚线侧边会露出来，从这里开始拆除可节省力气，不会破坏踢脚线。

拆除踢脚线

（2）将遗留在墙面中的踢脚线固定件依次拆除，和踢脚线统一堆放在一起。

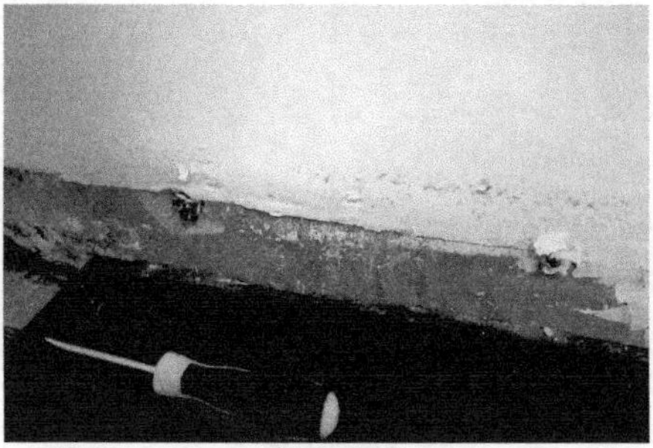

拆除踢脚线固定件

1.6.2 拆木地板

施工要点

使用撬棍或羊角锤将墙角木地板撬起，观察木龙骨的铺设方向，然后决定木地板的拆除方向。

拆除木地板

1.6.3 拆木龙骨

施工要点

（1）找到龙骨钉的安装位置，从侧边用锤子用力敲击，使木龙骨脱离地面和龙骨钉。将较长的木龙骨分两段或三段敲断，统一堆放到一起。

（2）清理地面，将地面中遗留的龙骨钉清扫到一起。

拆除木龙骨

清理地面

1.7 石膏板吊顶拆除

使用工具

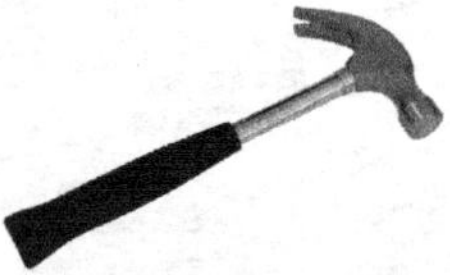
羊角锤

撬棍

施工流程

❶ 拆石膏板 —— ❷ 拆龙骨

注意事项

（1）原有吊顶装饰物拆除时，应尽量拆除干净，一般不保留原有吊顶装饰结构，原有吊顶内的吊杆、挂件等承载吊顶重量的结构也必须拆除。

（2）拆除时要考虑原有吊顶内的设备和设施的安全，因而进行拆除时要先切断电源，并避免损坏管线和设备。拆除厨房和卫生间吊顶时要避免损坏通风道和烟道。

1.7.1 拆石膏板

施工要点

先从造型简单的吊顶开始拆除，使用撬棍将石膏板拆除，查看内部的龙骨结构。

拆除石膏板吊顶

1.7.2 拆龙骨

施工要点

根据龙骨的结构，依次拆除副龙骨、边龙骨、主龙骨、吊筋等。

1.8 壁纸撕除

使用工具

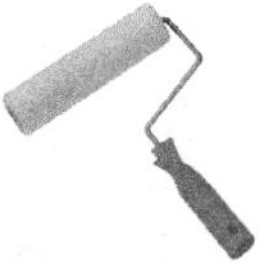

滚筒

铲刀

水桶

施工流程

① 撕壁纸 —— ② 清理残余壁纸

注意事项

壁纸在被水打湿的情况下，更好撕除，既节省力气，又不会对墙面基层造成损害。

1.8.1 撕壁纸

施工要点

（1）找到壁纸与壁纸的接缝处，从覆盖在上面一层的壁纸开始撕除。

（2）找到壁纸和吊顶的接缝处，从上到下撕除壁纸，过程要缓慢、匀速，防止撕断壁纸。

（3）如果发现第一遍撕除后还有残余壁纸粘在墙上，应准备第二遍撕除壁纸。

撕除墙面壁纸

1.8.2 清理残余壁纸

施工要点

用滚筒蘸水，待滚筒稍微沥干，用半湿的滚筒滚涂墙面，打湿残留的壁纸。待壁纸湿透后，使用铲刀将残留的壁纸全部铲除。

1.9 推拉门拆除

使用工具

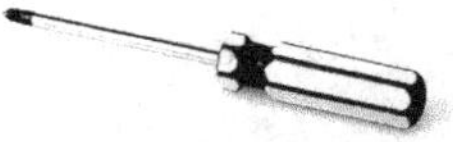

螺丝刀

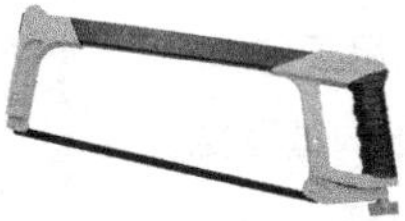

钢锯

撬棍

施工流程

① 拆除连接件、滑轮 —— ② 拆门扇 —— ③ 拆框架、门轨

注意事项

在拆卸推拉门时，先要检查一下推拉门的安装方式和安全使用情况，确定推拉门是否可以拆卸，在拆卸的同时，要注意噪声的控制，以免打扰到周围其他的人。

1.9.1 拆除连接件、滑轮

施工要点

（1）找到推拉门与滑轮的连接件（一般在推拉门的侧边角位置，呈“L”形），用螺丝刀或六角扳手将连接件内部的螺栓拧下来，使连接件与推拉门脱离。

（2）将带有连接件的滑轮移向侧边，准备拆卸推拉门门扇。

1.9.2 拆门扇

施工要点

（1）将推拉门门扇移动到轨道的中间位置，使门扇和连接件完全脱离。

（2）两侧分别站人用手把住门扇的中间位置，轻轻向上提起，使门扇的下侧与轨道脱离。然后向外侧移动门扇，使门扇完全脱离推拉门轨道，斜靠在墙边。

1.9.3 拆框架、门轨

施工要点

（1）用花纹螺丝刀将侧边框架内的膨胀螺栓拧下，用撬棍将框架撬起，拆卸下来。

（2）用撬棍将地面中的轨道撬起，拆卸下来，和侧边框架堆放到一起。

1.10 洁具拆除

使用工具

螺丝刀

铲刀

扳手

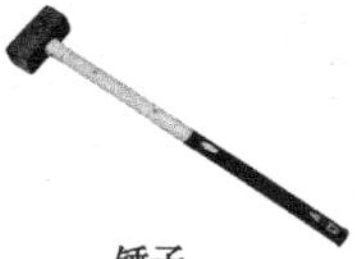

锤子

施工流程

①拆除淋浴花洒、热水器 — ②拆除坐便器 — ③拆除洗面盆、柜体 — ④拆除淋浴房 — ⑤拆除砌筑式浴缸

注意事项

开始拆除前，要先关闭进水总阀门，防止洁具在拆除过程中，发生漏水情况。进水总阀门关闭之后，打开淋浴，将热水器内的水排放干净；打开坐便器储水箱，将里面的水排放干净。

1.10.1 拆除淋浴花洒、热水器

施工要点

（1）将手持式花洒的软管和喷头拧下放在一边；将淋浴器连通冷热水的阀门拧开，与给水管分离；将淋浴器上侧墙面中的固定件用螺丝刀拧开，将整个淋浴器拿下来。使用堵头将冷、热给水管封堵。

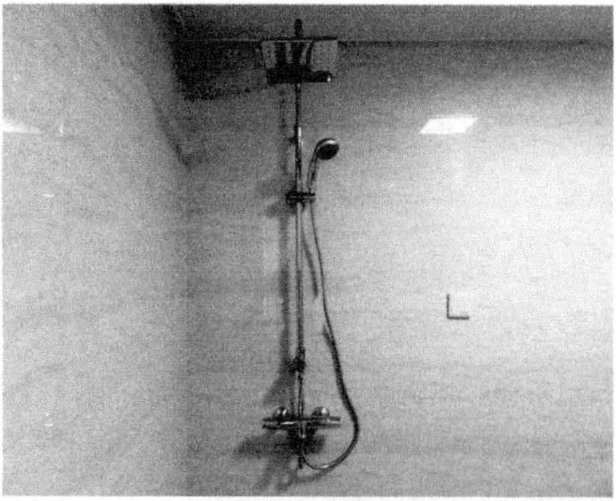

准备拆除淋浴花洒

（2）将连接热水器的进水软管拧下来，使用堵头将冷、热进水管封堵。使用螺丝刀或扳手将热水器固定件的螺栓拧松，同时托着热水器，匀速将热水器拆卸下来。因为热水器可二次利用，需堆放在安全的位置。

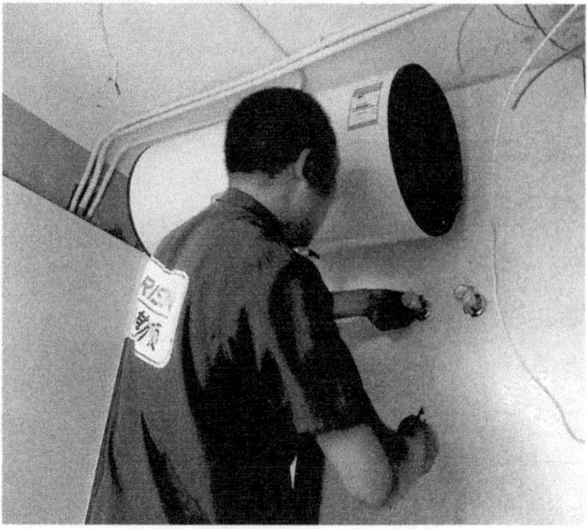

除热水器冷、热进水软管

1.10.2 拆除坐便器

施工要点

（1）将坐便器进水软管拧下来，使用堵头将冷水管封堵。

（2）摘除坐便器储水箱的盖子。若储水箱和坐便器是分体式的，则将整个储水箱拆卸下来，堆放在一边。

（3）用铲刀围绕坐便器底座铲除密封胶，一边铲除，一边晃动坐便器，直到坐便器与地面完全分离，将坐便器倾斜着搬离卫生间。

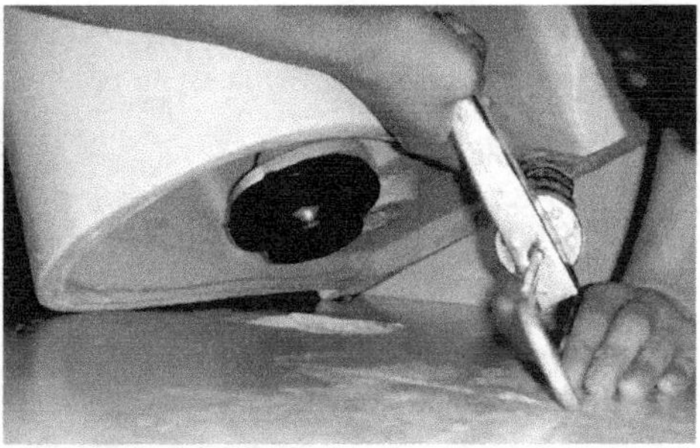

拆除坐便器底座

拆除完成

（4）用废弃的塑料袋或盖子将坐便器排污口封堵，防止排污管堵塞，阻止异味向室内扩散。

1.10.3　拆除洗面盆、柜体

施工要点

（1）将水龙头连同进水软管拧下来，堆放在一边。使用堵头将冷、热进水管封堵。

（2）打开柜门，将连接洗面盆的进水软管和排水管拆除，和水龙头、软管统一堆放在一起。

（3）用铲刀围绕洗面盆四边铲除密封胶，将洗面盆抬起与柜体分离，堆放在一边。

（4）拆除大理石台面、合页、柜门。用工具将柜体背板和墙面的连接拆除，将背板统一拆卸下来，与台面、柜门统一堆放在一起。

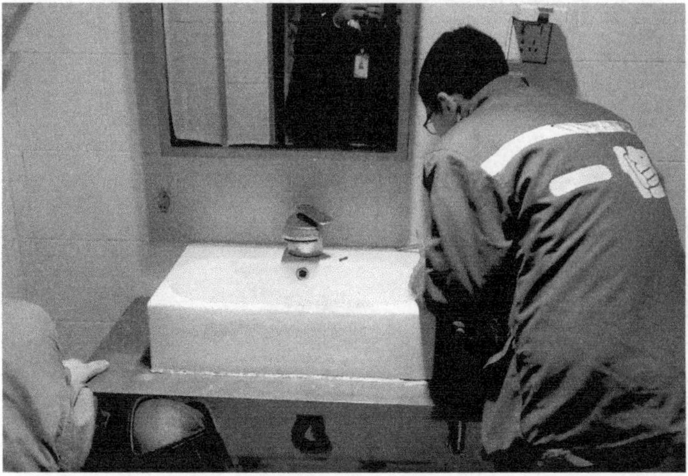

1.10.4 拆除淋浴房

施工要点

（1）用螺丝刀将淋浴房上檐轨道内的膨胀螺栓拧下来，将上檐轨道拆卸下来。拆卸期间需要有人保护玻璃拉门，防止拉门斜倒。

（2）将玻璃拉门向上抬起，与下侧轨道分离，倾斜着抬走，靠在墙边。

（3）使用撬棍或锤子将淋浴房边框敲松，并拆卸下来。

1.10.5 拆除砌筑式浴缸

施工要点

（1）拆除砌筑式浴缸表面的瓷砖和侧面的红砖墙，使浴缸外露出来。

（2）将浴缸连接排水管的管道拆除，分配 2~4 个人分别握住浴缸的四角，将浴缸搬离卫生间。因为浴缸的底部不平，堆放时下面可垫几块红砖，使其平稳。

拆除砌筑式浴缸

1.11 墙、顶面漆铲除

使用工具

滚筒

铲刀

水桶

施工流程

① 破坏漆膜 —— ② 润湿墙、顶面 —— ③ 铲除作业

注意事项

在铲除漆面之前，用水将墙面浸湿，既可避免漆面产生大量灰尘，又能使后续作业更为顺畅。

1.11.1 破坏漆膜

施工要点

在墙、顶面漆涂刷了防水腻子的情况下，需要使用锋利的刀具将漆面保护膜划开，为下一步墙、顶面浸水、湿润做准备。

1.11.2 润湿墙、顶面

施工要点

使用蘸水的滚筒，在墙面上滚涂，直到墙、顶面漆完全湿润为止。在滚涂的过程中，不断使用铲刀试着铲除漆面，测试水渗进的程度。

1.11.3 铲除作业

施工要点

使用铲刀从上到下、从左到右地铲除漆面，直到露出水泥层为止。

铲除墙面漆

1.12 柜体拆除

使用工具

螺丝刀

锋利刀具

锤子

施工流程

❶ 拆除柜体台面 —— ❷ 拆除合页、柜门、移门 —— ❸ 拆除结构板材 —— ❹ 拆除墙背板

注意事项

拆除移门时双手握住移门两侧的中间位置，轻轻向上抬起，使移门下侧的一角漏出轨道，然后将移门拉拽出来，斜靠在墙边。

1.12.1 拆除柜体台面

施工要点

柜、阳台柜、飘窗柜等柜体上面有石材台面，用铲刀将密封在石材和板材之间的密封胶划开，将石材向上抬起，使其脱离板材，斜靠在墙边。

1.12.2 拆除合页、柜门、移门

施工要点

使用螺丝刀将柜门合页、气撑等五金件拆卸下来，拆卸过程中安排人握住柜门，防止柜门斜倒。将拆卸下来的五金件、柜门统一堆放。

1.12.3 拆除结构板材

施工要点

查看板材中钉子的固定方向，使用羊角锤随着钉子的固定方向，逆向敲击，使连接处的板材分离，然后依次地将板材拆卸下来，斜靠在墙边。

1.12.4 拆除墙背板

施工要点

（1）使用铲刀将背板侧边的密封胶划开。

（2）使用撬棍从多个角度将墙背板撬起，从墙面拆除，堆放在地面。

2

第二章 装修水电施工

水电改造属于隐蔽工程，对施工质量要求高，是最考验施工人员技术水平的施工项目之一。水电改造的技术重点体现在管路、线路的连接中，包括给水管的热熔连接、排水管的黏结和电线、网线、电话线的制作及加工等。

2.1 水电定位

使用工具

粉笔

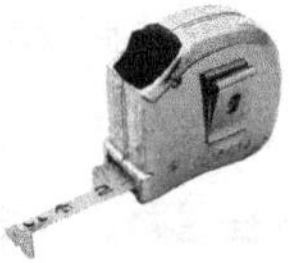

卷尺

记号笔

施工流程

① 水管定位 —— ② 开关定位 —— ③ 插座定位 —— ④ 弱电定位

注意事项

若阳台安装洗衣机或拖把池，则会结合厨房、卫生间，共同定位阳台的给水管、排水地漏等水路。

2.1.1 水管定位

施工要点

（1）先查看进水管位置，确定下水口数量、位置，以及排水管的位置后，再进行定位。

（2）定位的内容和顺序依次是冷水管走向、热水器位置、热水管走向，使用这种方式定位能够避免出现给水管排布重复的情况。

水路定位尺寸			
分 类	台盆冷热水口	冲淋水管口	拖把池
尺寸 / cm	高15	高100~110	高65~75
分 类	冷热水中心距	燃气热水器	电加热热水器
尺寸 / cm	宽15	高130~140	高170~190
分 类	标准洗衣机	小洗衣机	标准浴缸
尺寸 / cm	高105~110	高85	高75
分 类	标准洗衣机	坐便器	墙面出水台盆
尺寸 / cm	高100~110	高25~35	高95
分 类	按摩式浴缸		
尺寸 / cm	高15~30		

2.1.2 开关定位

施工要点

（1）门厅开关定位在入户门的一侧，距门边 100mm，距地面 1200~1350mm。

（2）客厅开关定位在邻近过道或餐厅的墙面，距地面 1200~1350mm。

（3）餐厅开关定位在邻近过道或厨房的墙面，距地面 1200~1350mm。

（4）卧室设计双控开关，一个定位在门口邻近衣柜的墙面，离门口 100mm，距地面 1200~1350mm；一个定位在床头靠近衣柜一侧，距床头 300mm，距地面 700~800mm。

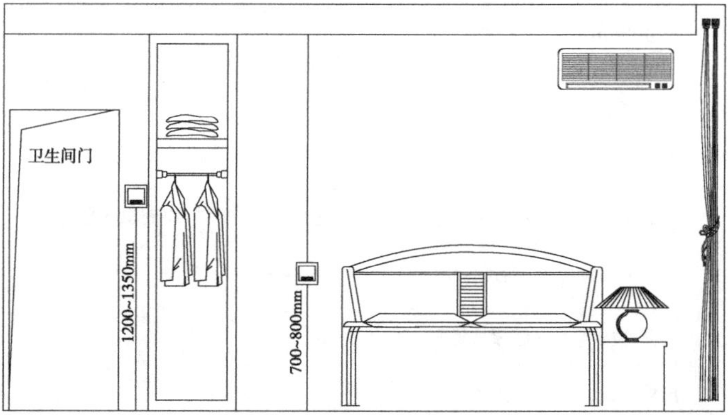

卧室双控开关定位

（5）厨房开关定位在推拉门的一侧，墙面的外侧，距门边 100mm，距地面 1200~1350mm。

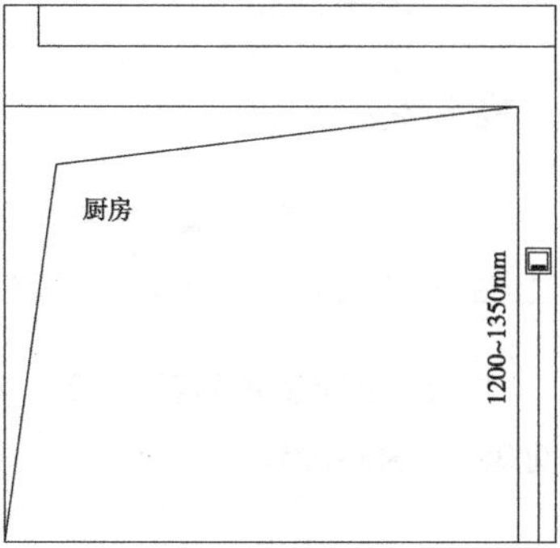

厨房开关定位

（6）卫浴间开关定位在门口的一侧，墙面的外侧，距门边 100mm，距地面 1200~1350mm。

（7）阳台开关定位在客厅靠阳台的墙面垭口中，邻近电视背景墙，距地面 1200~1350mm。

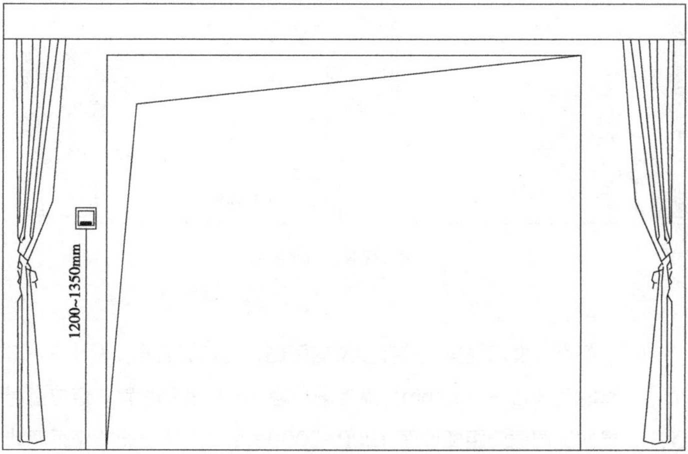

阳台开关定位

2.1.3 插座定位

施工要点

（1）门厅的插座位置可以靠近弱电箱旁，也可以定位在玄关柜附近；过道的插座位置定位在端景墙的墙面，距离地面 300~350mm。

（2）客厅电视墙插座设计 3 ~ 4 个，定位在电视机的下面，距离地面 300 ~ 350mm。

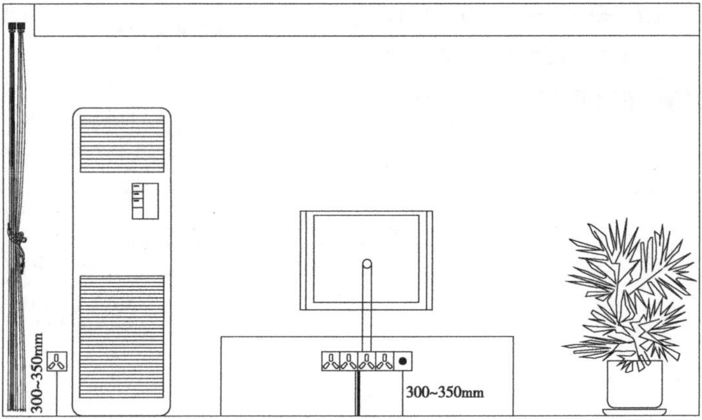

客厅电视墙插座定位

（3）客厅沙发墙插座定位在沙发的两侧，角几的后面，设计 2 ~ 3 个，距离地面 300 ~ 350mm；靠近阳台墙 300mm 的位置，定位空调插座，挂式空调插座距离地面 1900~2000mm，立式空调插座距离地面 300~350mm。

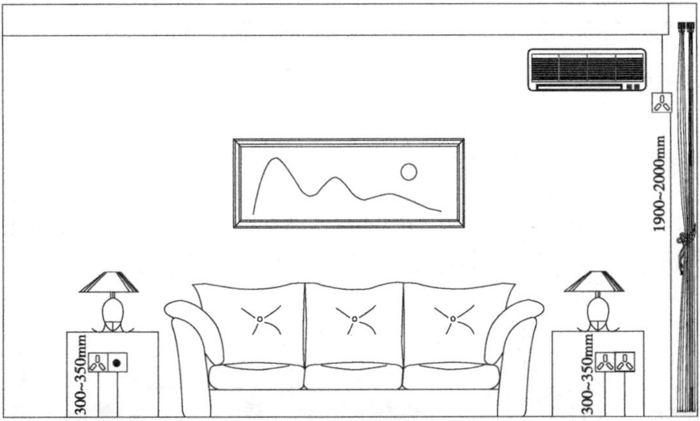

客厅沙发墙插座定位

（4）餐厅插座定位在靠近餐桌的墙面，距离地面 300~350mm，设计 1 个。若餐厅设计电视墙，则插座增加 2~3 个，距离地面 1200mm。

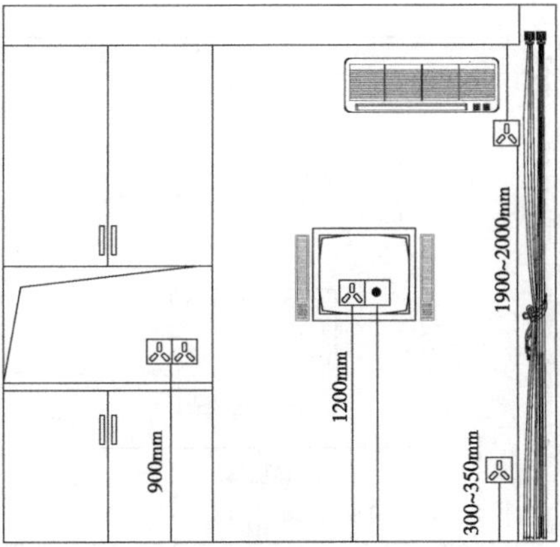

餐厅电视墙插座定位

（5）卧室插座定位在床头的两侧，床头柜的后面，设计 2~3 个，距离地面 300~350mm；空调插座定位在靠近窗户的墙面，挂式空调插座距离地面 1900~2000mm，立式空调插座距离地面 300~350mm。

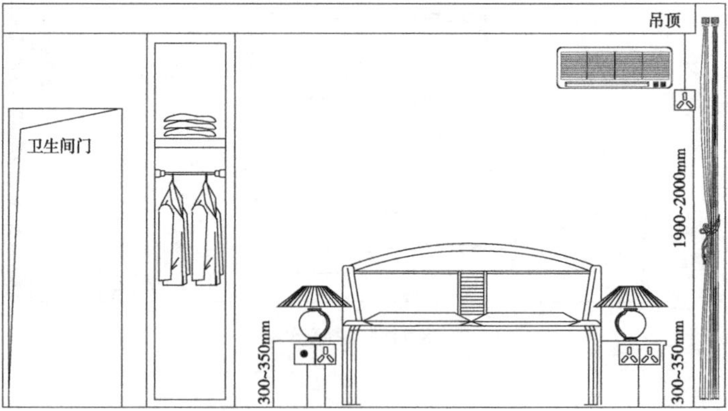

卧室床头墙插座定位

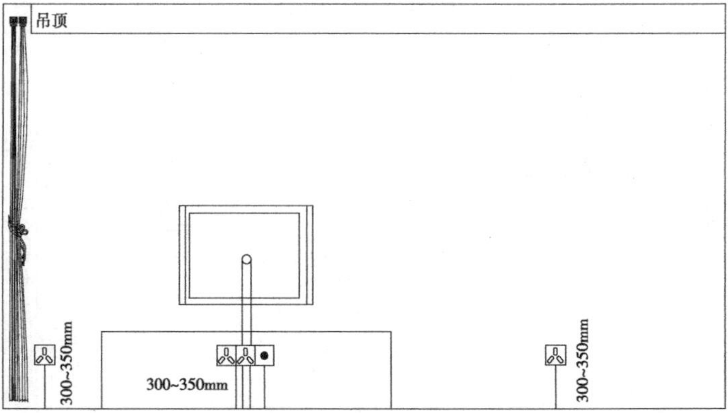

卧室插座定位

（6）书房插座定位在书桌的周围，若书桌靠墙摆放，则定位在墙面，距离地面 300~350mm 或 1100~1200mm，设计 3~4 个；若书桌摆放在房间中央，则定位在地面，设计地插 2~3 个。

（7）厨房插座定位在橱柜所在的墙面，距离地面 750~850mm，平均分布 4~5 个。冰箱插座定位在门侧墙面，距离地面 1500~1600mm。洗菜槽内部定位一个插座，距离地面 400mm。吸油烟机侧边定位一个插座，距离地面 2000~2100mm。

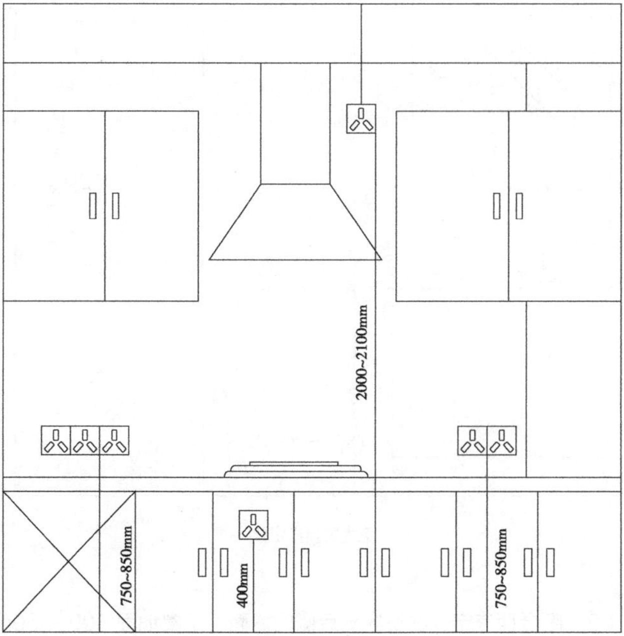

厨房插座定位

（8）卫生间插座定位在靠近门边浴霸开关的位置，距离地面 1200~1350mm，设计 1 个。插座需带有防溅水保护盖。电热水器开关定位在淋浴房墙面，距离地面 1900~ 2000mm，设计 1 个。

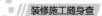

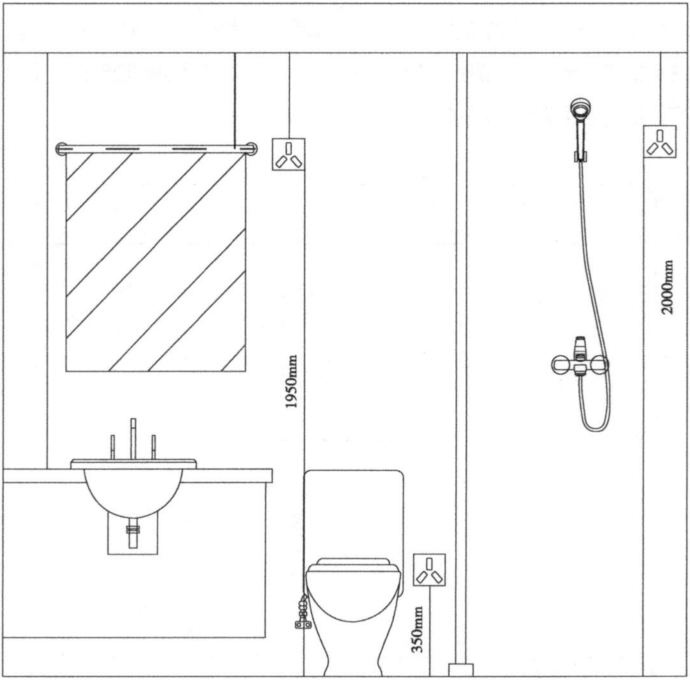

卫生间插座定位

（9）阳台插座定位在洗衣机后侧的墙面，距离地面 300~350mm 或 1300~1350mm。

2.1.4 弱电定位

施工要点

(1) 电视线

电视机通常安装在客厅、卧室和餐厅，定位 3 根电视线，和插座并排设计，距离地面 300~350mm。

(2) 影音线

影音线定位在客厅电视机位置，和插座并排设计，距离地面 300~350mm。

(3) 网线

网线定位 3 根，1 根在书房，与插座并排设计，设计为地插或墙面弱电插座；1 根在卧室，与床头柜插座并排设计，距离地面 300~350mm；1 根在客厅，与电视插座并排设计，距离地面 300~350mm。

(4) 电话线

定位 2~3 根，1 根在客厅，与角几插座并排设计，距离地面 300~350mm；1 根在卧室（每个卧室分别安装电话线），与床头柜插座并排设计，距离地面 300~350mm。

2.2 弹线

使用工具

墨斗

记号笔

红外线水平仪

水平尺

施工流程

❶ 红外线水平仪标记水平线 — ❷ 墨斗弹水平线 — ❸ 弹给水管走向 — ❹ 弹穿线管路走向

注意事项

弹长线的技巧

用墨斗弹线时，随着墨斗距离的拉长，时刻保持墨线的紧度，不可松弛。这种方法适用于长度超过 3000mm 的墙面。

弹短线的技巧

一只手拉住墨线端头和水平尺，一只手拉长墨线，在墙面中弹出短线。这种方法适用于转角多、距离短的墙面。

2.2.1 红外线水平仪标记水平线

施工要点

打开红外线水平仪支架，平整摆放在地面，按动按钮调整红外水平线位置，使水平线停留在墙面距离地面 1000mm 处。

红外线水平仪找平

2.2.2 墨斗弹水平线

施工要点

（1）使用卷尺、记号笔在红外水平线的两端做标记，一人拿墨斗线，一人拿墨斗，拉线到记号笔标记位置，在墙面中弹线。

（2）每一处空间的四面墙全部都需弹线。

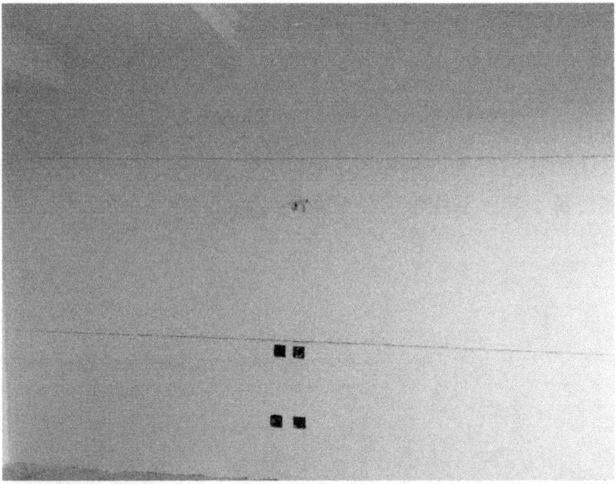

墙面水平线弹线标准

2.2.3　弹给水管走向

施工要点

（1）用红外水平仪在给水管端口位置投影出垂直线，使用卷尺、记号笔在上下两端标记，用墨斗在墙面中弹出垂直线。

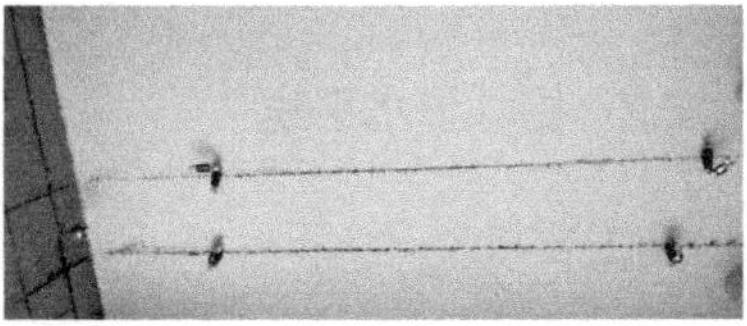

顶面给水管弹线

（2）一根水管的弹线宽度为 40mm；冷、热水管弹线间距为 200mm。

2.2.4 弹穿线管路走向

施工要点

（1）根据水平线位置，在墙面中弹 2 根横向基准线，距离地面 1200~1350mm 的开关 1 根，距离地面 300~350mm 的插座一根；在墙面中弹 1 根纵向基准线，位置选择在墙面的中间或阴角处。

（2）根据弹好的基准线，在墙面中分别弹出开关、插座的纵向垂直线。一根线管的弹线宽度为 20mm，多根线管的弹线宽度以此类推；强、弱电的弹线间距为 150mm。

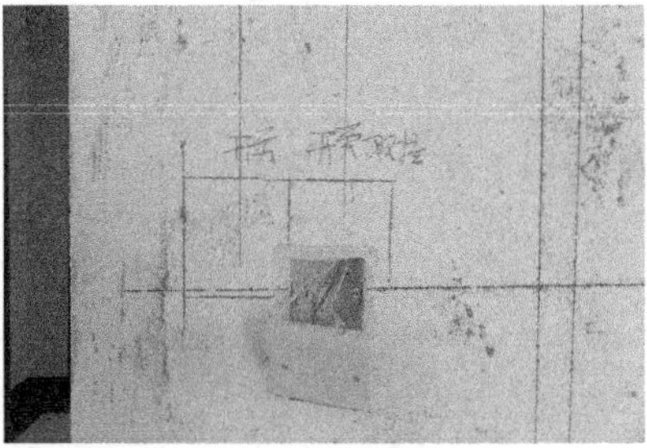

开关位置文字标记

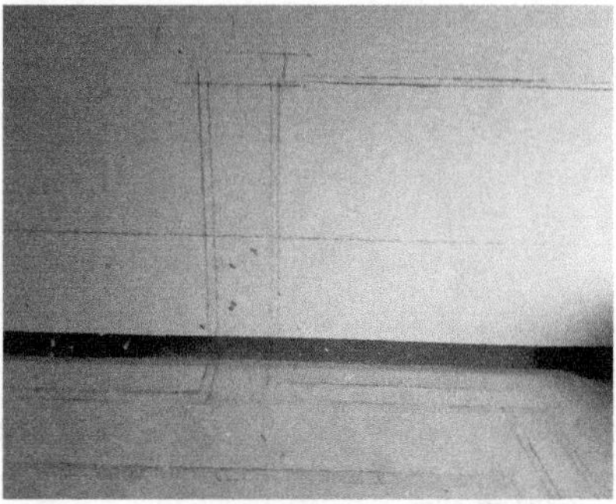

墙、地面电路弹线

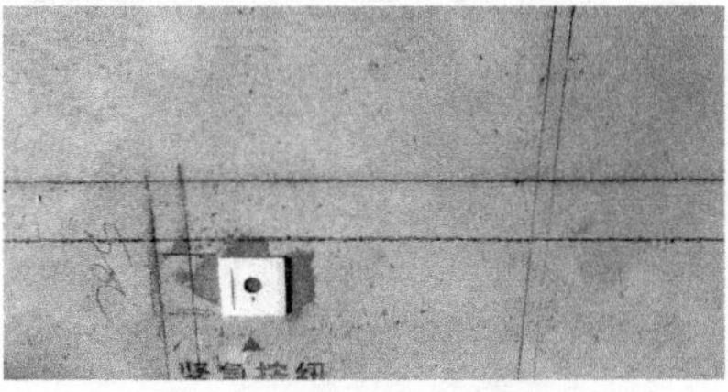

电路横向、纵向基准线

2.3 开槽

使用工具

开槽机

冲击钻

施工流程

① 顺着弹线开槽——② 打掉开槽处墙体

注意事项

开槽深度尺寸

水管开槽深度为 40mm；穿线管若为 16mm 的 PVC 管，开槽深度为 20mm；若为 20mm 的 PVC 管，开槽深度为 25mm。

开槽宽度尺寸

水管开槽宽度为 30mm，冷、热水管开槽间距为 200mm；穿线管的开槽宽度为 20mm，强、弱电开槽间距为 150mm。

2.3.1 顺着弹线开槽

施工要点

（1）用开槽机顺着墙面的弹线痕迹，从上到下，从左向右开槽。开槽过程中，不断向切片上滋水，防止开槽机过热，减少切割过程中产生的灰尘。

（2）若使用专业的水电开槽机，则不需要向切片上滋水。

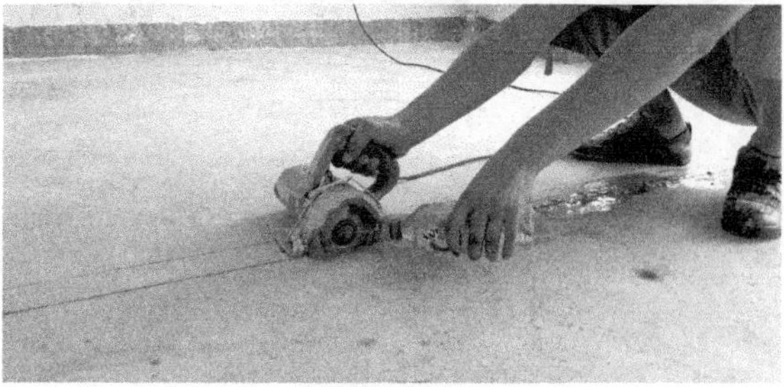

开槽机开槽施工

2.3.2 打掉开槽处墙体

施工要点

用冲击钻将开槽处的墙体按照从下到上，从左向右的顺序打掉。冲击钻使用过程中，与墙面保持垂直，不可倾斜或用力过猛。

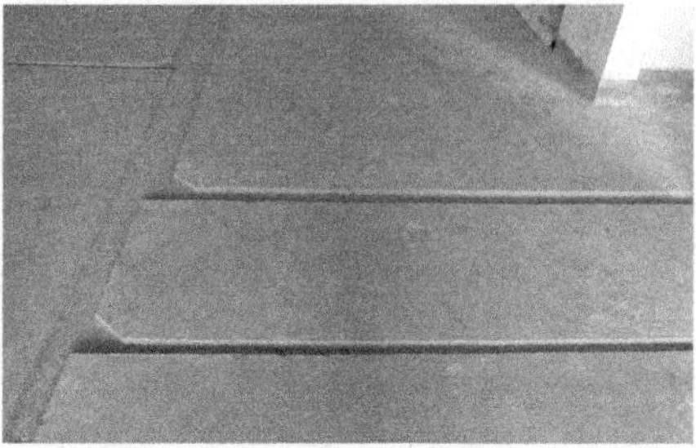

地面开槽 90° 处工艺处理

2.4 给水管热熔连接

使用工具

热熔机

切割机

管钳

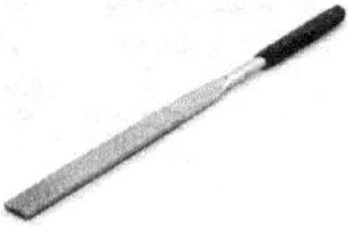
锉刀

胶水

施工流程

1. 组装热熔机
2. 给热熔机预热
3. 切割管材
4. 热熔连接给水管和配件

注意事项

（1）用手晃动管材，看热熔是否牢固。

（2）90° 弯头连接的管材，需保证直角，不可有歪斜、扭曲等情况。

2.4.1 组装热熔机

施工要点

（1）安装固定支架，支架多为竖插型，将热熔机直接插入支架即可。

（2）安装磨具头，先用内部螺栓连接两端磨具头，再用六角扳手拧紧。

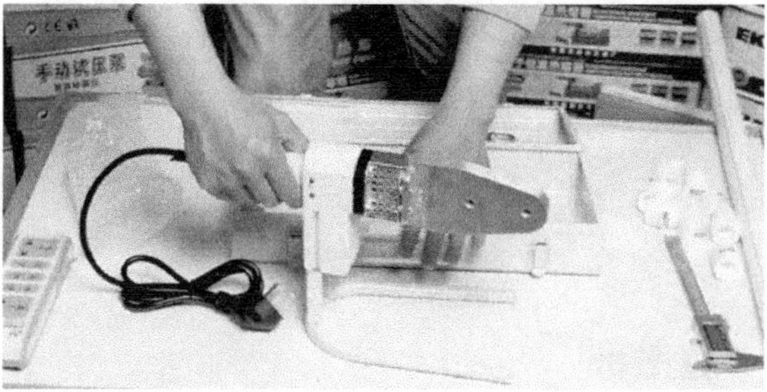

安装固定支架

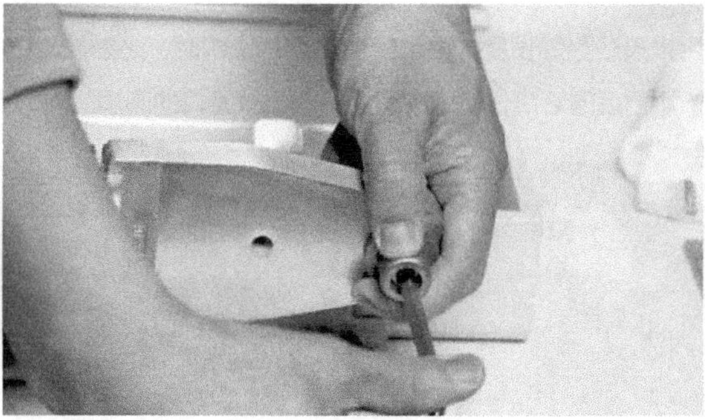

安装磨具头

2.4.2 给热熔机预热

施工要点

插电后，绿灯亮，表示热熔机正在加热，过程会持续 2~3min，然后绿灯灭，红灯亮，表示热熔机可以热熔管件了。

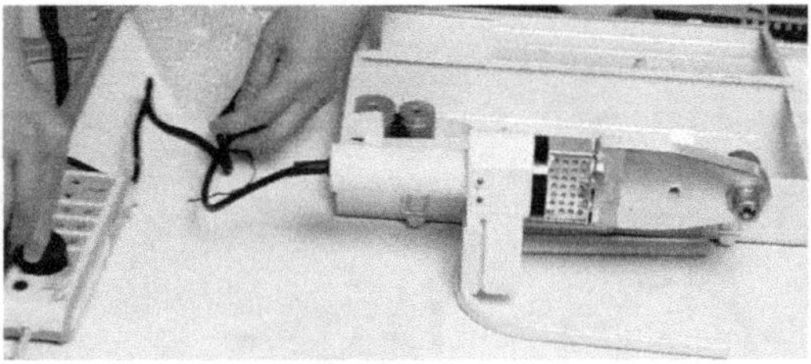

热熔机插电预热

2.4.3 切割管材

施工要点

先用米尺测量好长度，再用管钳切割。切割时，必须使端口垂直于管轴线。切割后的管口，使用钳子处理，保持管口的圆润。

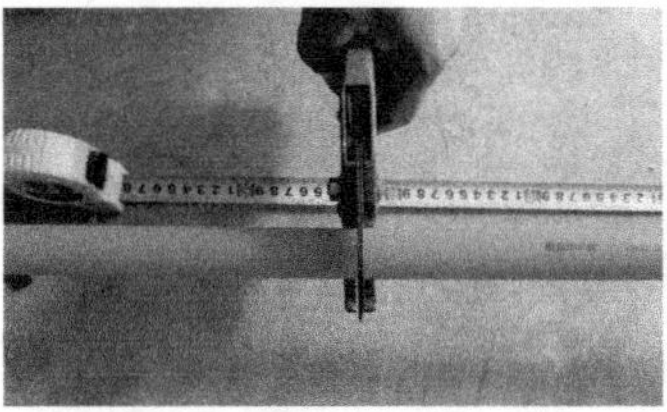

切割水管

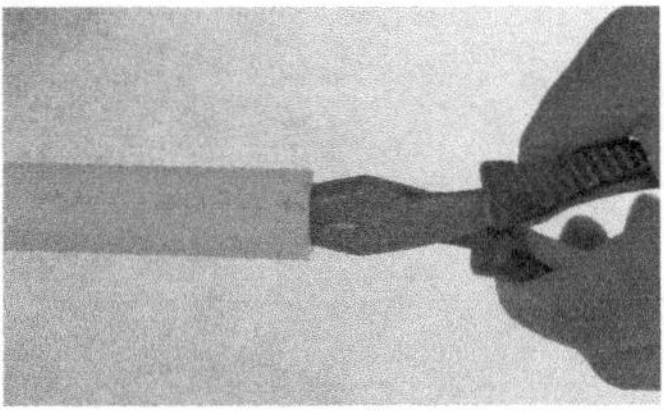

处理管口

2.4.4 热熔连接给水管和配件

施工要点

（1）将给水管和配件同时插进磨具头内，两手均匀用力，无旋转方式向内推进。时间维持 3~5s，将管材与配件迅速从磨具头内拿出。

（2）迅速连接管材与配件，插入时不可旋转，不可用力过猛。

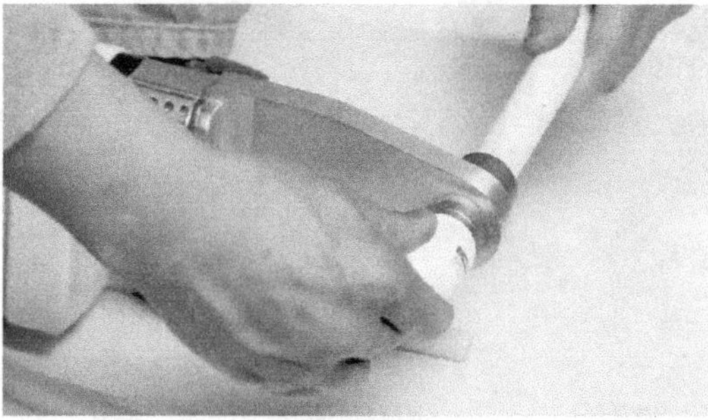

热熔给水管和配件

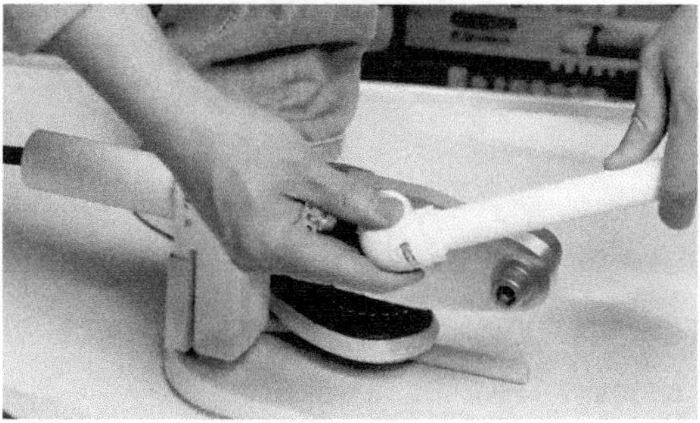

连接给水管和配件

2.5 聚氯乙烯排水管粘接

使用工具

切割机

胶水

锉刀

管钳

施工流程

1. 测量做标记
2. 切割管道
3. 磨边
4. 清洁
5. 涂抹胶水
6. 粘接

注意事项

因为切割机的切割片有一定厚度，所以在管道上做标记时需多预留 2~3mm，确保切割管道长度准确。

2.5.1 测量做标记

施工要点

先用尺在管道上测量铺装长度，然后用笔在管道上做标记。

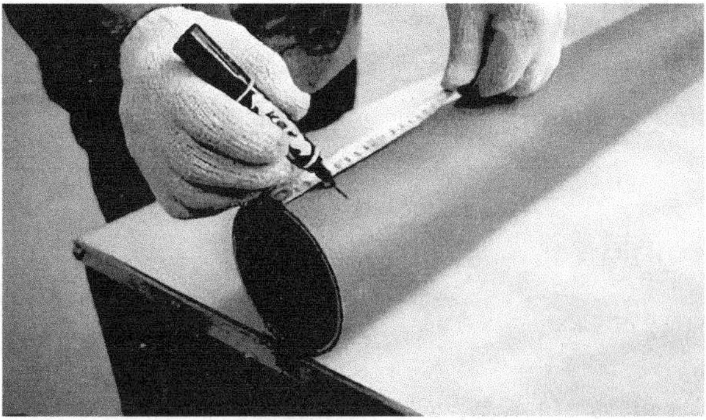

2.5.2 切割管道

施工要点

将标记好的管道放置在切割机中，标记点对准切片。匀速缓慢地切割管道，切割时确保与管道成90° 直角。切割后，迅速将切割机抬起，防止切片过热烫坏管口。

切割管道

2.5.3 磨边

施工要点

（1）将刚切割好的管口放在运行中的切割机的切割片上进行磨边，处理管口毛边。

（2）用锉刀、砂纸处理管口毛边。一些表面光滑的管道接面过滑，必须用砂纸将接面磨花、磨粗糙，保证管道的粘接质量。

2.5.4 清洁

施工要点

（1）将打磨好的管道、管口用抹布擦拭干净。

（2）旧管件先用清洁剂清洗粘接面，然后使用抹布擦拭干净。

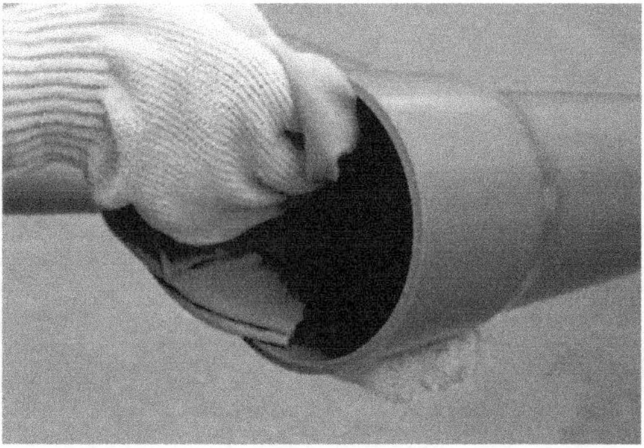

擦拭粘接面

2.5.5 涂抹胶水

施工要点

在管件内均匀地涂上胶水，然后在两端粘接面上涂胶水，管口粘接面长约 10mm，需均匀涂厚一点儿胶水。

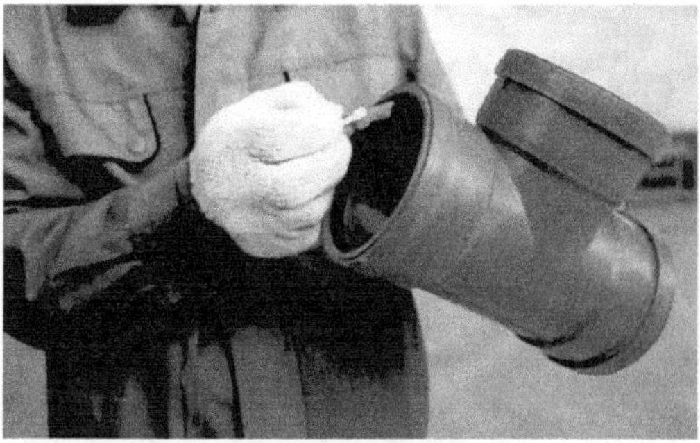

管口粘接面涂抹胶水

2.5.6 粘接

施工要点

将管道轻微旋转着插入管件，完全插入后，需要固定 15s，胶水晾干后即可使用。

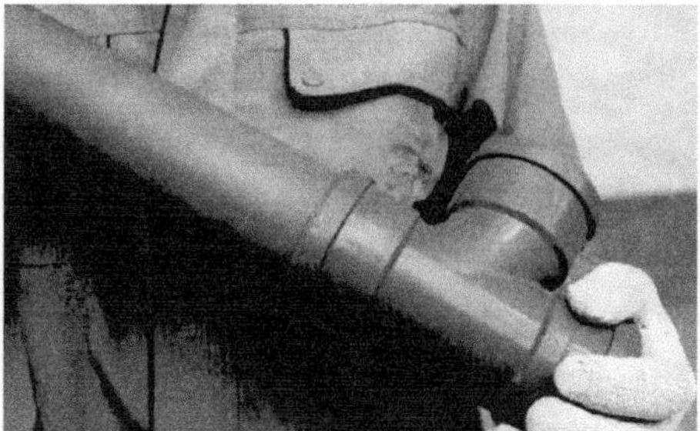

粘接管道和配件

2.6 打压试水

使用工具

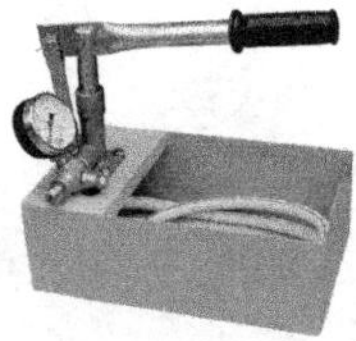

打压泵

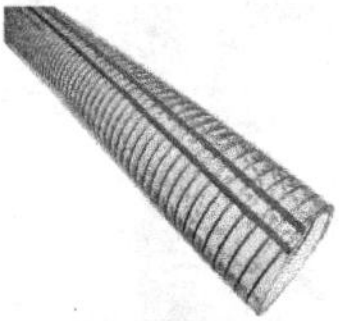

软管

施工流程

① 封堵给水管端口 — ② 连接打压泵 — ③ 开始测压 — ④ 检查漏水

注意事项

注意测试压力时，应使用清水，避免使用含有杂质的水来进行测试。

2.6.1 封堵给水管端口

施工要点

（1）关闭进水总阀门，逐个封堵给水管端口，封堵的材料需保持一致。

（2）在冷热水管的位置，用软管将冷、热水管连接起来，形成一个圈。

2.6.2 连接打压泵

施工要点

用软管一端连接给水管，另一端连接打压泵。往打压泵容器内注满水，调整压力指针指为 0。

2.6.3 开始测压

施工要点

按压压杆，使压力表指针指向 0.9~1.0（此刻压力是正常水压的 3 倍），保持这个压力一段时间。不同管材的测压时间不同，一般在 30min~4h 之内。

2.6.4 检查漏水

施工要点

测压期间逐个检查堵头、内丝接头，看是否渗水。打压泵在规定的时间内，压力表指针没有丝毫下降，或下降幅度保持在 0.1，说明测压成功。

2.7 二次防水

使用工具

铲子

滚筒

毛刷

施工流程

1. 找补、修理基层
2. 清理墙地面基层
3. 搅拌防水涂料
4. 涂刷防水涂料
5. 洒水养护

注意事项

先对墙面均匀涂刷防水浆料一遍，使其与墙面完整黏结。涂膜厚度约在 1mm 以下。待第一层防水浆料表面干燥后（手摸不粘手约 2h 后），用同样方法按十字交错方向涂刷第二遍，至少涂刷 2 遍，对于防水要求高的可涂刷 3 遍（防水涂膜厚度 1.2~2mm）。

2.7.1 找补、修理基层

施工要点

（1）墙面有明显凹凸、裂缝、渗水等现象的部分，使用水泥砂浆找补；阴阳角区域修理平直。

（2）下沉式卫生间，使用砂石、水泥将地面抹平。

阴阳角修理平直

下沉式卫生间水泥抹平

2.7.2 清理墙地面基层

施工要点

（1）用铲刀等工具铲除墙地面疏松颗粒，保持表面的平整。

（2）用水湿润墙地面，保持表面的湿润，但不能留有明水。

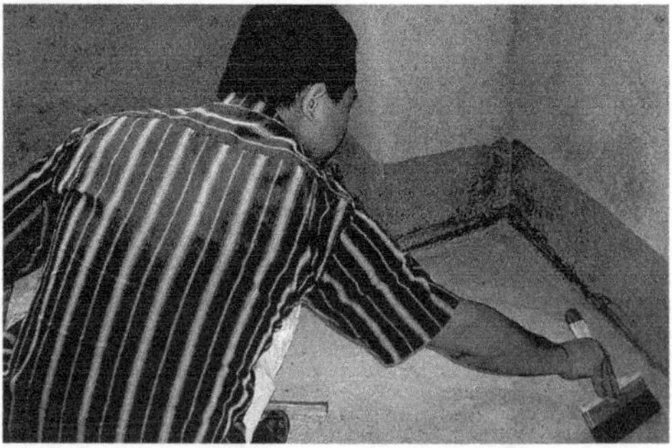

扫除地面中的灰尘、颗粒

2.7.3 搅拌防水涂料

施工要点

（1）将液料倒入容器中，再将粉料慢慢加入，同时充分搅拌3~5min，至形成无生粉团和颗粒均匀的浆料。

（2）用搅拌器搅拌时应保持同一方向搅拌，不可反复逆向搅拌，搅拌完成后应均匀、无颗粒。

搅拌器搅拌防水涂料

2.7.4 涂刷防水涂料

施工要点

（1）涂刷顺序为先墙面，后地面。涂刷过程应均匀，不可漏刷。

（2）对转角处、管道变形部位的加强防水涂层，杜绝漏水隐患。

（3）涂刷完成后，表面应平整，无明显颗粒，阴阳角保证平直。

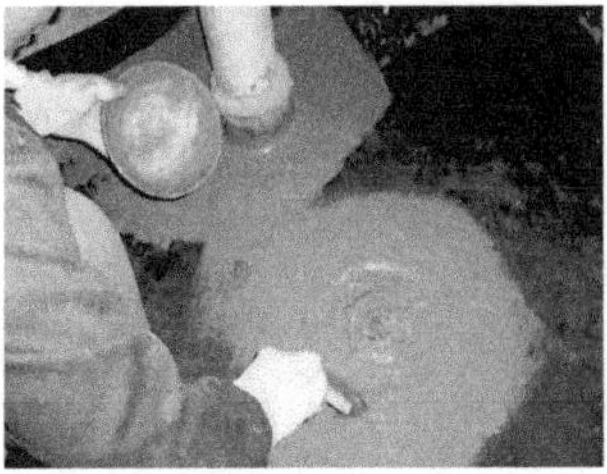

管件部位加固涂刷

2.7.5 洒水养护

施工要点

施工 24h 后，用湿布覆盖涂层或喷雾洒水对涂层进行养护。施工后完全干涸前采取禁止踩踏、雨水、暴晒、尖锐损伤等保护。

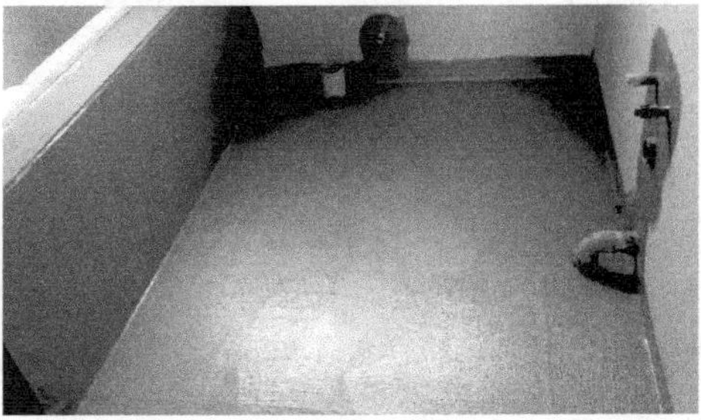

防水涂刷完成、养护

2.8 闭水试验

✂ 使用工具

管道保护盖

砌刀

⚙ 施工流程

① 封堵排水管道 —— ② 砌筑临时挡水条 —— ③ 蓄水 —— ④ 渗水检查 —— ⑤ 洒水养护

💡 **注意事项**

防水施工完成，过 24h 做闭水试验。

2.8.1 封堵排水管道

施工要点

封堵地漏、面盆、坐便器等排水管端口。封堵材料最好选用专业保护盖，没有的情况下可选择废弃的塑料袋封堵。

专业保护盖封堵

废弃塑料袋封堵

2.8.2 砌筑临时挡水条

施工要点

在房间门口用黄泥土、低等级水泥砂浆等材料砌筑150~200mm 的挡水条。也可以采用红砖封堵门口，然后再涂刷水泥砂浆。

水泥砂浆挡水条

2.8.3 蓄水

施工要点

蓄水深度保持在 50~200mm，并做好水位标记。蓄水时间保持24~48h，也就是通常所谓的一天一夜或两天两夜。

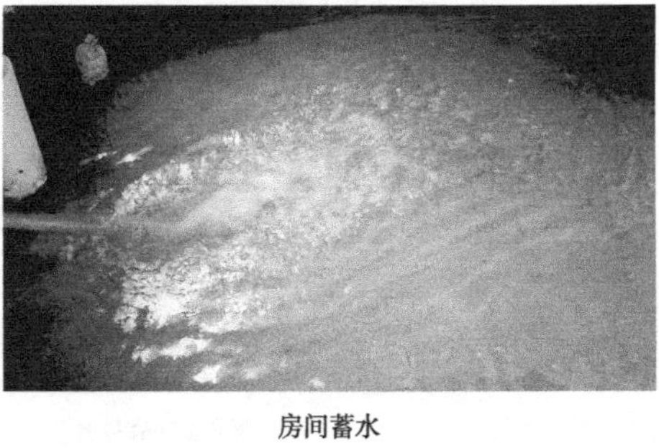

房间蓄水

2.8.4 渗水检查

施工要点

（1）第一天闭水后，检查墙体与地面。观察墙体，看水位线是否有明显下降，仔细检查四周墙面和地面有无渗漏现象。

（2）第二天闭水完毕，全面检查楼下天花板和屋顶管道周边。从楼下检查时，应先联系楼下业主，防止检查时进不去房屋。

渗水印记表明防水失败

2.9 单芯导线接线

使用工具

剥线钳

电工刀

施工类型

铰接法连接

最常见且简单的连接方法，适用于截面面积为 $4mm^2$ 及以下的单芯铜导线。

缠绕卷法连接

连接方法相对复杂，适用于截面面积为 $6mm^2$ 及以上的单芯铜导线。

"T"字分支连接

主要用于两股单芯导线的连接，一股干路，一股支路。

十字分支连接

主要用于三股单芯导线的连接，一股干路，两股支路，每股导线之间的夹角均为 90°。

2.9.1 铰接法连接

施工要点

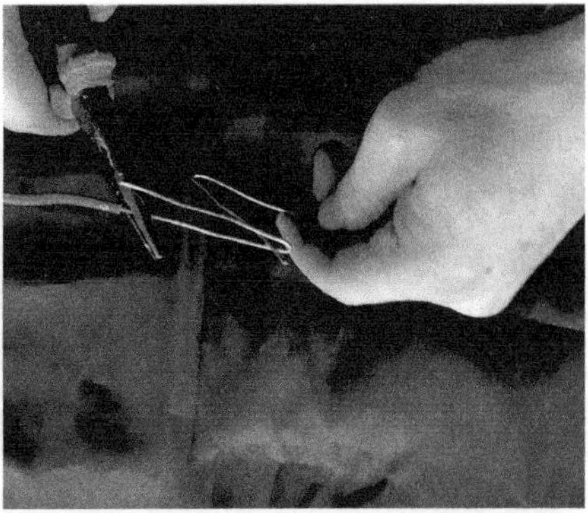

（1）**剥除绝缘皮。** 用剥线钳将绝缘皮剥除 2~3cm，露出铜芯线后将铜芯线向内折弯 180°，保持弯角处的圆润。两根铜芯线套上后，用电工钳将中心位置夹紧，使两股铜芯线紧贴在一起。

（2）**缠绕线圈。** 先用钳子夹住一侧的铜芯线，然后用电工钳将另一侧的铜芯线顺时针缠绕。每缠绕 2~3 圈检查一次线圈的紧实度，线圈一共缠绕 5~6 圈，然后将多余的铜芯线剪掉。

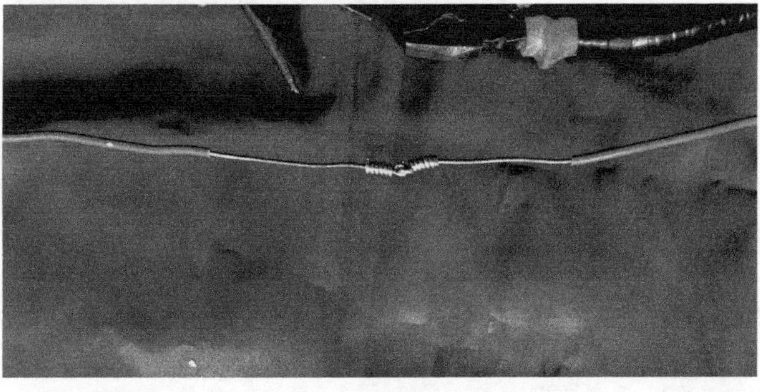

2.9.2 缠绕卷法连接

施工要点

（1）**准备两根导线。**先将要连接的两根导线接头对接，中间填入一根同直径的铜芯线，然后准备一根同直径的绑线，长度尽量长一些，准备缠绕。

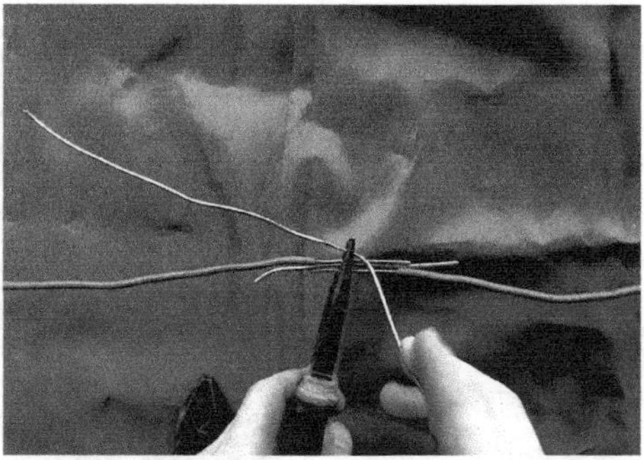

（2）**向右侧缠绕绑线。**将绑线围绕三根铜芯线缠绕。从中心的位置开始，分别向左、右两侧缠绕。先将绑线向右侧缠绕5~6圈，剪断多余的绑线线芯后，将中间填入的铜芯线向内侧折弯180°，并贴紧绑线。

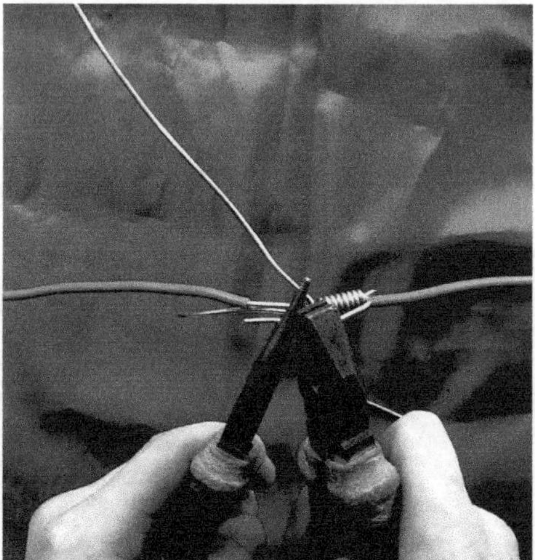

（3）**向左侧缠绕绑线。**采用上述同样的方法，将绑线向左侧缠绕 5~6 圈，剪断多余的绑线线芯后，将中间填入的铜芯线向内侧折弯 180° ，并贴紧绑线。

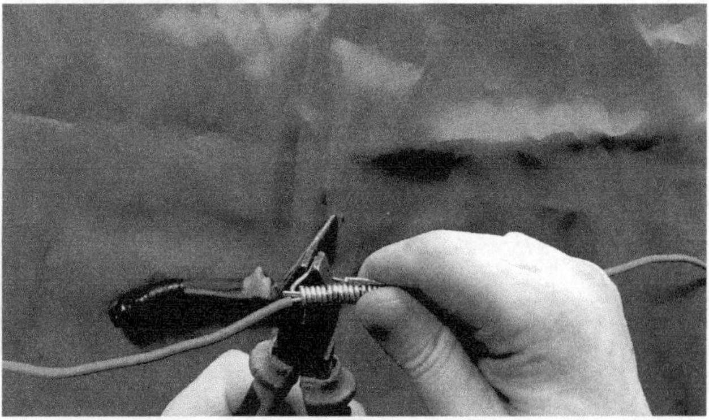

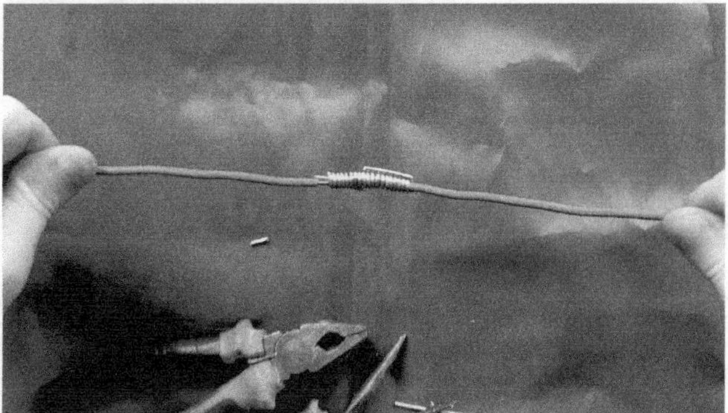

2.9.3 “T”字分支连接

施工要点

（1）**剥除绝缘皮。**准备两根铜芯线，一根从中间剥除绝缘皮，长度为 4~5cm，露出的线芯需保护完好，不能断线，不能留有钳痕，防止断开。另一根从一端剥除绝缘皮，长度为 3~4cm。将支路铜芯线围绕干路铜芯线缠绕。

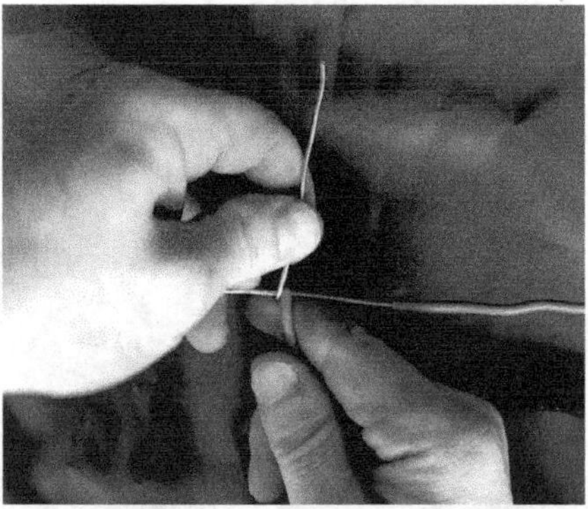

（2）**缠绕线圈。**将支路铜芯线围绕干路铜芯线，先向左侧缠绕一圈，接着将铜芯线向右侧折弯，然后将铜芯线向右侧缠绕 5~6 圈，剪去多余的线芯。“T”字分支连接的重点是，先向一侧缠绕 1 圈，然后再向另一侧缠绕 5~6 圈。

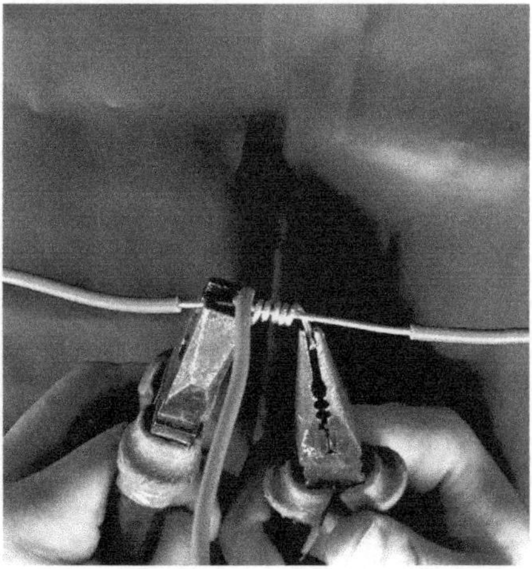

2.9.4 十字分支连接

施工要点

（1）**剥除绝缘皮。**准备三根铜芯线，一根从中间剥除绝缘皮，长度为 5~6cm。另两根分别从一端剥除绝缘皮，长度为 3~4cm。三根铜芯线呈十字摆放在一起。先将两根支路铜芯线折弯 180°，然后与干路铜芯线交叉连接在一起。

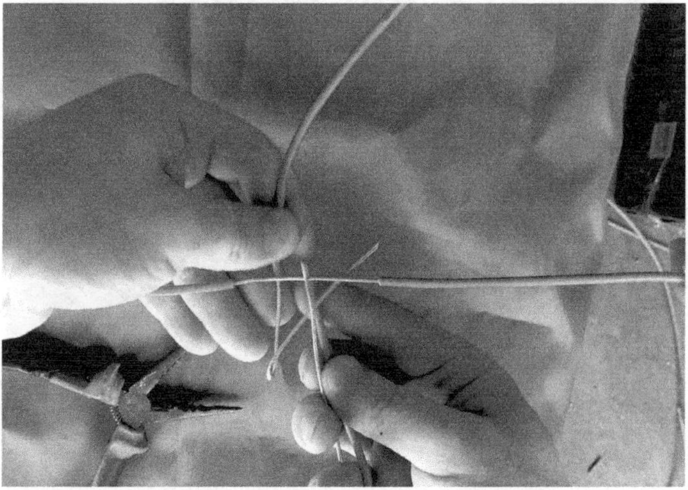

（2）**向左侧缠绕 5~6 圈。**交叉好之后，准备将下侧的支路铜芯线向左侧弯曲缠绕，将上侧的支路铜芯线向右侧弯曲缠绕。将铜芯线向左侧缠绕 5~6 圈后，剪掉多余的线芯，并用电工钳拧紧，起到加固效果。

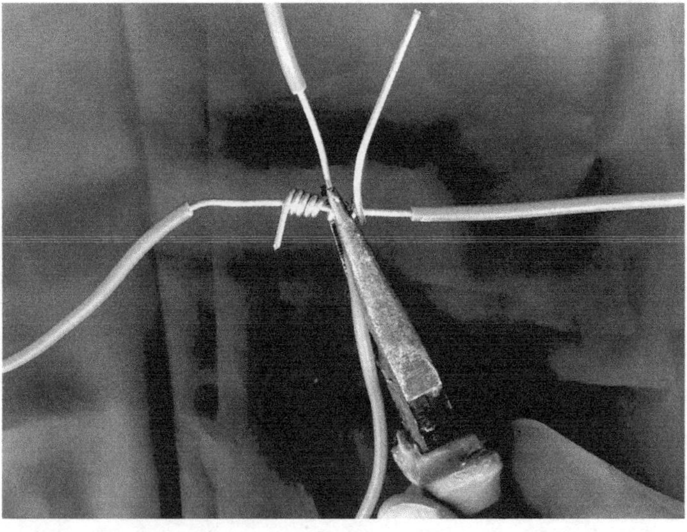

（3）**再向右侧缠绕 5~6 圈。**将铜芯线向右侧以同样方法缠绕 5~6 圈，剪掉多余的线芯。在缠绕过程中，用钳子固定住左侧的线圈，防止缠绕过程中线圈移位。

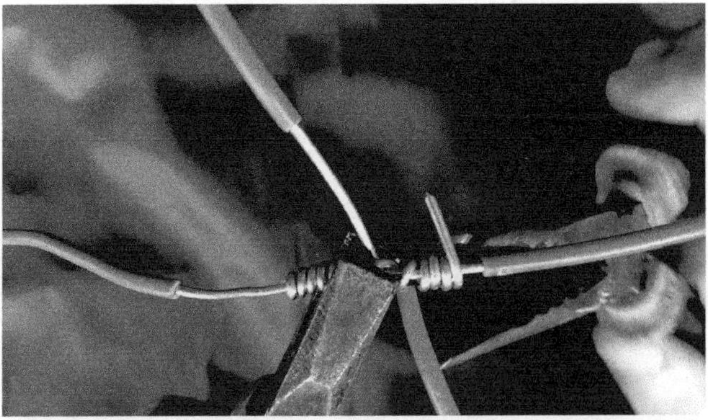

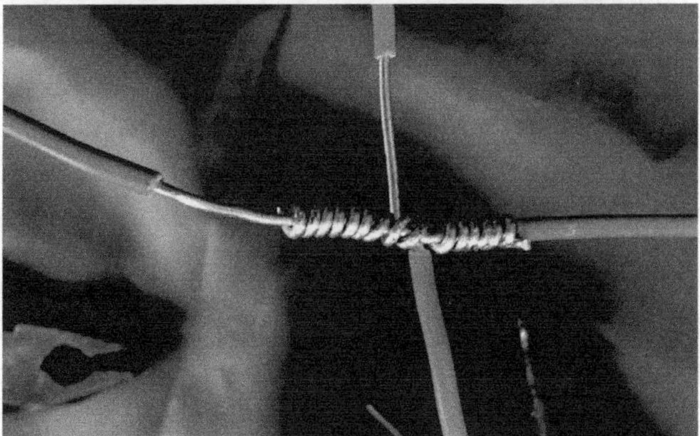

2.10 多股导线接线

使用工具

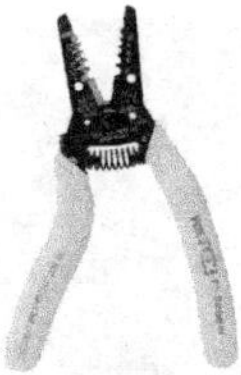

剥线钳

电工刀

施工类型

缠绕卷法连接

缠绕卷法连接，可增加线芯的接触面积，充分发挥多股线芯的优点。

“T”字分卷法连接

“T”字分支连接是指，将支路多股导线分成左右两部分，依次与干路多股导线连接。

“T”字缠绕卷法连接

“T”字缠绕卷法连接是将支路所有线芯从一端开始，围绕干路线芯缠绕的方法。

多股导线接线端子制作

多股导线接线端子的制作类似单芯导线的接线圈，两者都是将导线制作出一个圆环形状，用于连接端口。

2.10.1 缠绕卷法连接

施工要点

（1）**导线展现伞状。**将多股导线顺次解开呈30°伞状，将各自张开的线芯相互插嵌，插到每股线的中心完全接触。然后将张开的各线芯合拢、捋直。

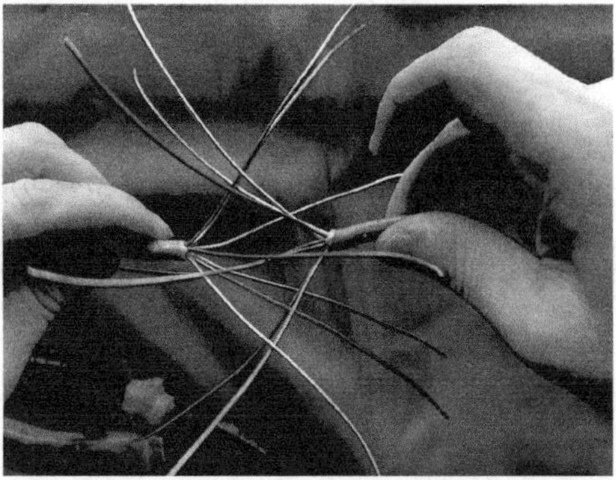

（2）**缠绕线圈。**取任意两股向左侧同时缠绕 2~3 圈后，另换两股缠绕，把原有两股压在里面或把余线割掉，再缠绕 2~3 圈后采用同样方法，调换两股缠绕。先用钳子将左侧缠绕好的线芯夹住，然后采用同样的方法缠绕右侧线芯，每两股一组。

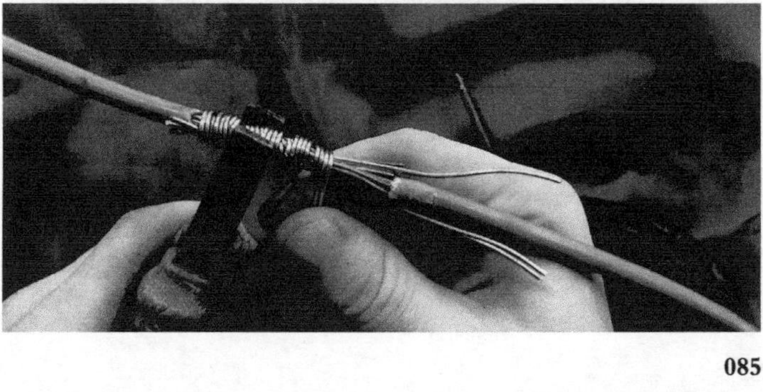

（3）**钳子铰紧。**所有线芯缠绕好之后，使用电工钳铰紧线芯。铰紧时，电工钳要顺着线芯缠绕方向用力。

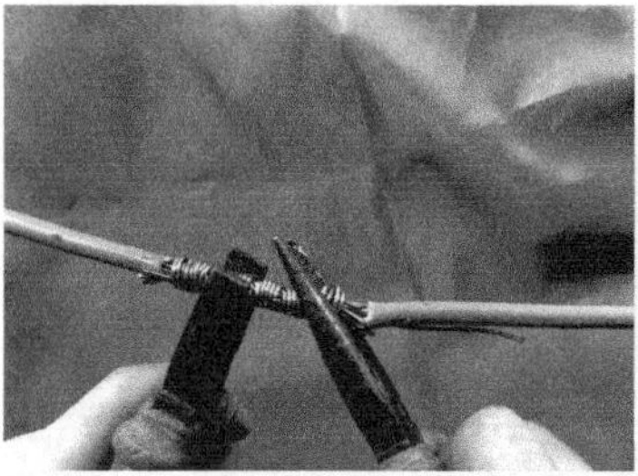

2.10.2 “T”字分卷法连接

施工要点

（1）**捋直导线。**将支路线芯分成左右两部分，擦干净之后捋直，各折弯 90°，依附在干路线芯上。将左侧的几股线芯同时围绕干路线芯缠绕。

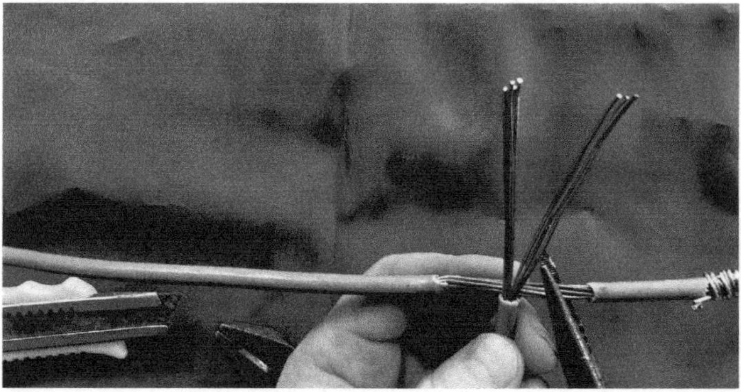

（2）**缠绕线圈。**先将几股线芯同时向左侧缠绕 4~6 圈，然后用电工钳剪去多余的线芯。采用同样方法将右侧几股线芯缠绕 4~6 圈，并剪去多余的线芯。连接完成后，先转动线芯查看连接的紧实度，然后用电工钳即时调整。

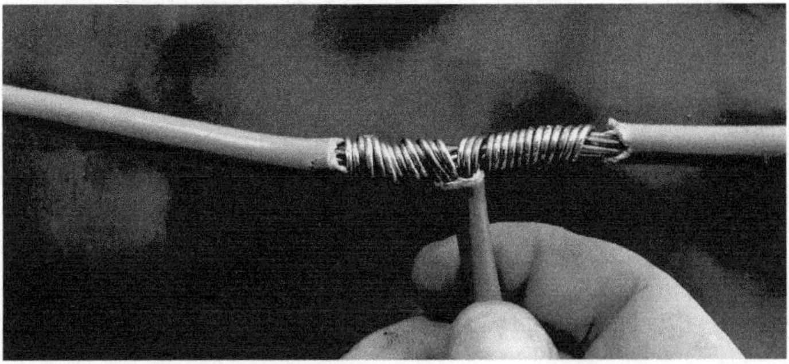

2.10.3 “T”字缠绕卷法连接

施工要点

（1）**支路线芯捋直。**将支路线芯捋直，并折弯 90°，与干路线芯贴紧摆放。从支路线芯的一端开始围绕干路线芯缠绕。注意，缠绕要从支路线芯的中间位置开始，而不是支路线芯的根部。

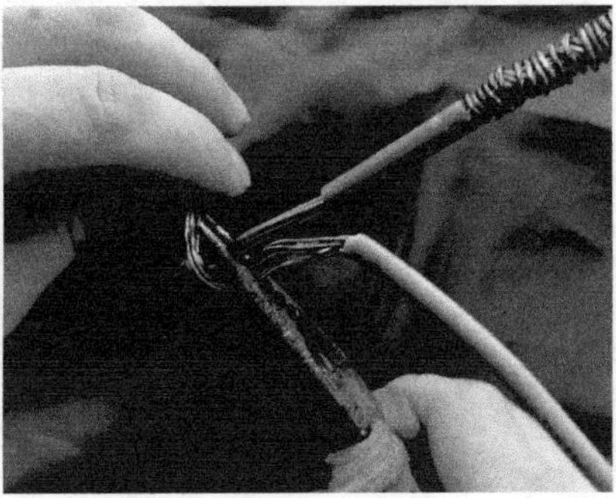

（2）**支路线芯缠绕4~6圈。**先将支路线芯一直缠绕导线根部4~6圈，然后剪去多余的线芯。支路线芯缠绕好之后，使用电工钳铰紧线芯，增加紧实度。线芯缠绕好之后，调整支路导线，使其与干路导线呈90°直角。

2.10.4　多股导线接线端子制作

施工要点

（1）**导线拧紧成麻花状。**将多股导线拧成麻花形状，并保持线芯的平直。选取线芯的两个支点，各弯曲90°，形状类似于“Z”形。

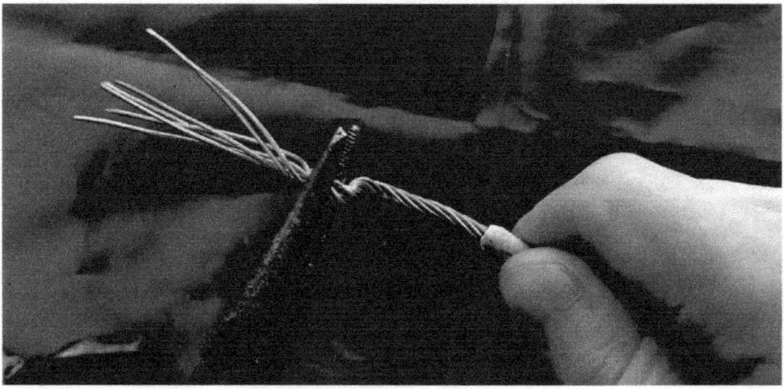

（2）**线芯弯曲成“U”形。**以内侧支点为中心，将线芯向内弯曲成“U”形。将线芯的根部并拢在一起，并留出一个大小适当的圆环。

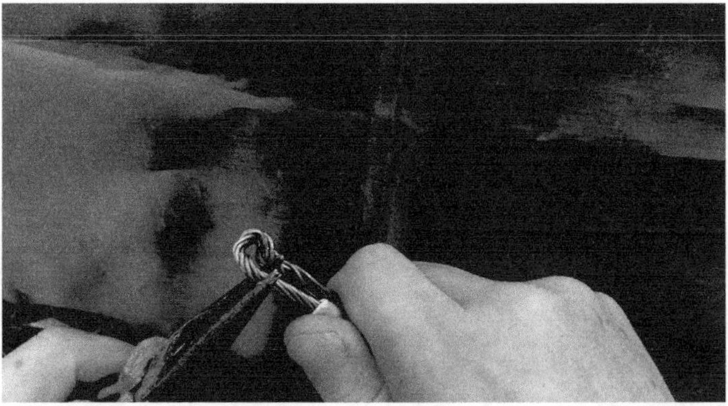

（3）**围绕线芯根部缠绕 2~3 圈。**用钳子夹住圆环，用电工钳将根部线芯分成两股，分别围绕干路线芯缠绕 2~3 圈，剪去多余的线芯。修整圆环的形状，直到没有明显的棱角。

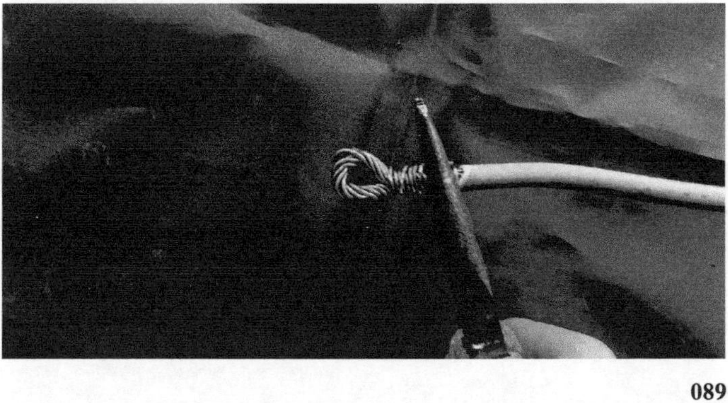

2.11 电路布管

使用工具

开槽机

管夹

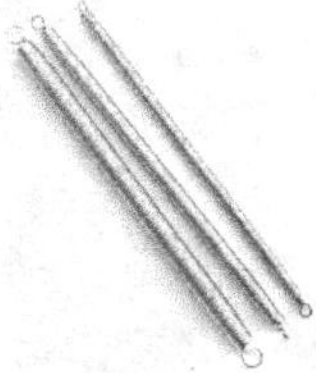

弯管弹簧

施工流程

注意事项

管排列横平竖直，多管并列敷设的明管，管与管之间不得出现间隙，转弯处也同样。

2.11.1 敷设直线穿线管

施工要点

（1）敷设穿线管，直管段超过 30m、含有一个弯头的管段每超过 20m、含有两个弯头的管段每超过 15m、含有 3 个弯头的管段每超过 8m 时，加装线盒。

（2）水平方向敷设多管（管径不一样的）并设线路，要求小规格线管靠左，依次排列，以每根管都平服为标准。

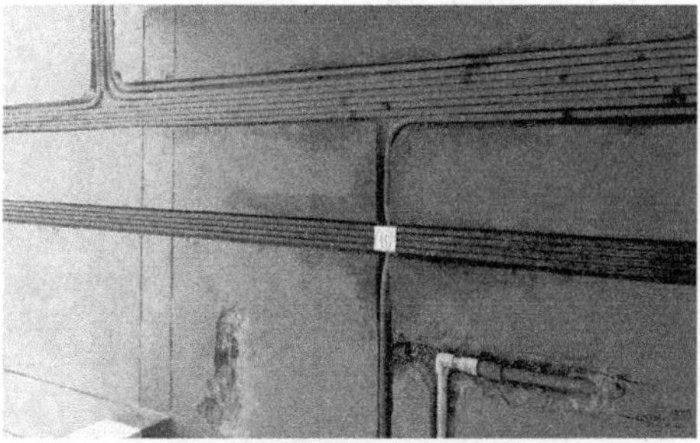

水平方向敷设多根穿线管

强、弱电交叉处使用铝箔纸

2.11.2 敷设转弯处穿线管

施工要点

（1）穿线管用弯管弹簧弯曲，弯管后将弹簧拉出，弯曲半径不宜过小，在管中部弯曲时，将弹簧两端拴上铁丝，便于拉动。

（2）弯管弹簧安装在墙地面的阴角衔接处。安装前，需反复地弯曲穿线管，以增加其柔软度。

（3）为了保证不因为导管弯曲半径过小，而导致拉线困难，导管弯曲半径应尽可能放大。穿线管弯曲时，半径不能小于管径的 6 倍。

弯管处工艺处理

2.11.3 管夹固定

施工要点

（1）地面采用明管敷设时，应加固管夹，卡距不超过 1m。需注意在预埋地热管线的区域内严禁打眼固定。

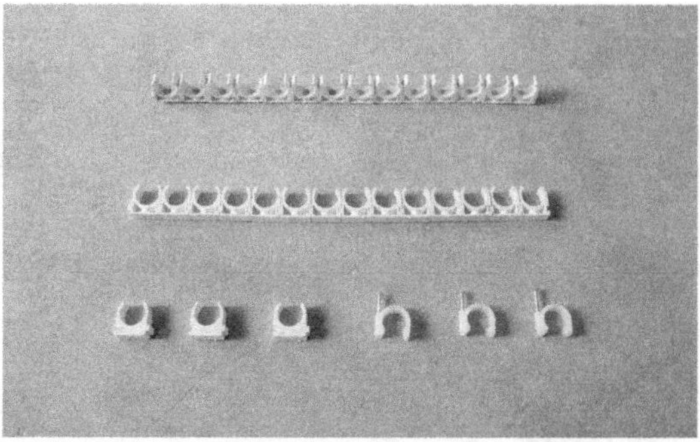

各类不同管夹

（2）管夹固定，一个管一个管夹，转弯处需要增设管夹。

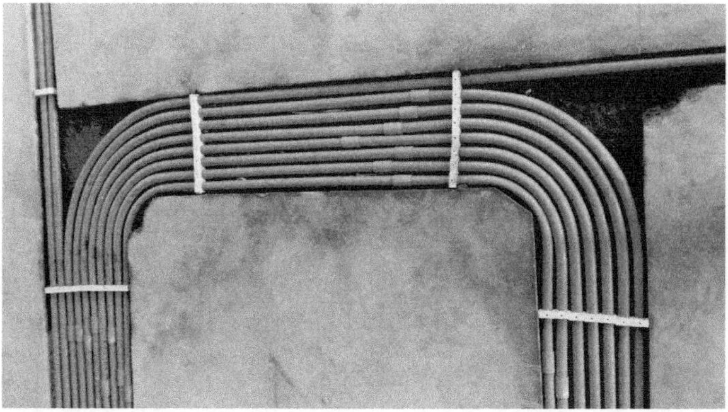

转弯处增设管夹

2.12 穿线

使用工具

钳子

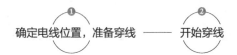

卷尺

施工流程

① 确定电线位置，准备穿线 —— ② 开始穿线

注意事项

（1）根据家庭装修用电标准，照明用 1.5mm^2 电线，空调挂机插座用 2.5mm^2 电线，空调柜机插座用 4mm^2 电线，进户线为 10mm^2。

（2）穿线管内的线不能有接头，穿入管内的导线接头应设在接线盒中，导线预留长度宜超过 15cm。接头搭接要牢固，用绝缘胶带包缠，要均匀紧密。

2.12.1 确定电线位置，准备穿线

施工要点

三线制必须用三种不同颜色的电线。红、绿双色为火线色标，蓝色为零线色标，黄色或黄绿双色为接地线色标。

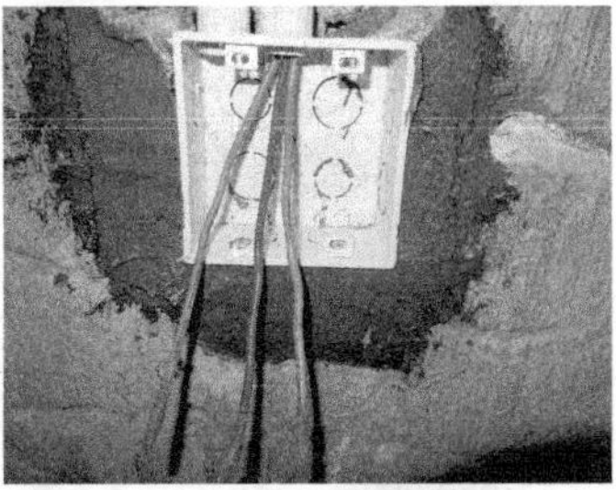

红、绿、蓝三色电线

2.12.2 开始穿线

施工要点

（1）穿线管内事先穿入引线，然后将待装电线引入线管之中，利用引线将穿入管中的电线拉出，若管中的电线数量为 2~5 根，应一次穿入。

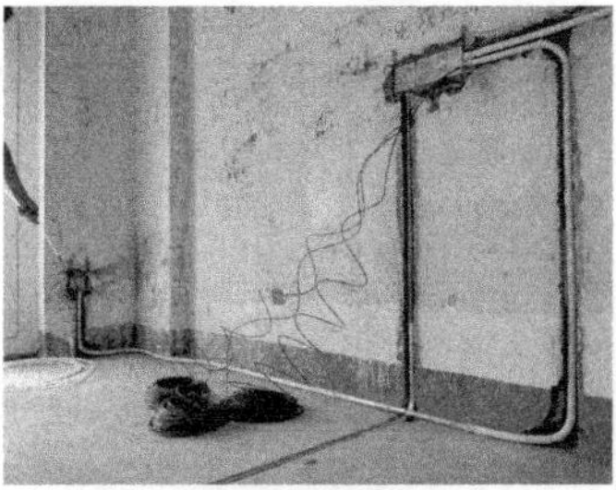

强电穿线施工

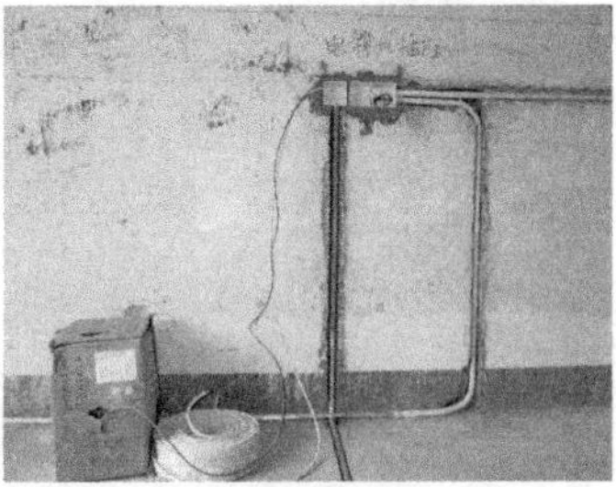

弱电穿线施工

（2）将电线穿入相应的穿线管中，同一根穿线管内的电线数量不可超过 8 根。通常情况下，ϕ16 的电线管不宜超过 3 根电线，ϕ20 的电线管不宜超过 4 根电线。

2.13 电路检测

使用工具

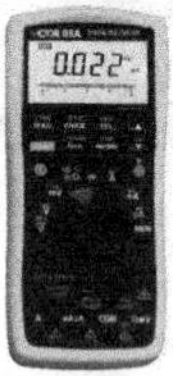

万用表

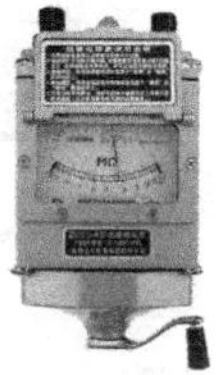

兆欧表

测电笔

施工流程

❶ 连接、测试万用表 —— ❷ 测试电路

注意事项

指针式万用表的刻度盘上共有七条刻度线，从上往下分别是：电阻刻度线、电压电流刻度线、10V 电压刻度线、晶体管 β 值刻度线、电容刻度线、电感刻度线及电平刻度线。

2.13.1 连接、测试万用表

施工要点

（1）红色表笔接到红色接线柱或标有“+”极的插孔内，黑色表笔接到黑色接线柱或标有“−”极的插孔内。

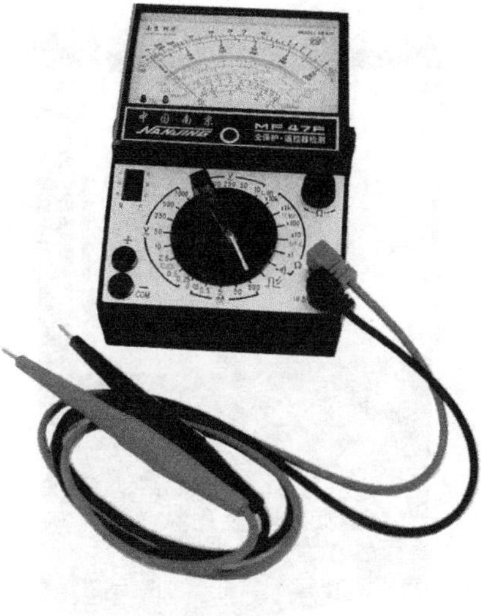

指针式万用表

（2）把量程选择开关旋转到相应的挡位与量程。

（3）红、黑表笔不接触（断开），看指针是否位于“∞”刻度线上，如果不位于“∞”刻度线上，需要调整。

（4）将两支表笔互相碰触短接，观察 0 刻度线，表针如果不在 0 位，需要机械调零。

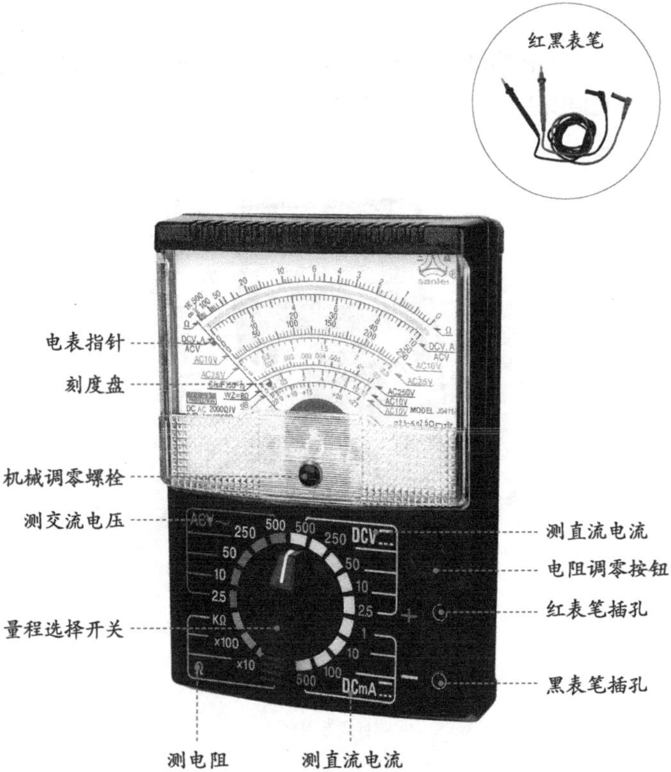

万用表使用图示

2.13.2 测试电路

施工要点

（1）测试交流电压

开关旋转到交流电压挡位，把万用表并联在被测电路中，若不知被测电压的大概数值，需将开关旋转至交流电压最高量程上进行试探，然后根据情况调挡。

（2）测试直流电压

① 进行机械调零，选择直流量程挡位。将万用表并联在被测电路中，注意正负极，测量时断开被测支路，将万用表红、黑表笔串接在被断开的两点之间。

② 若不知被测电压的极性及数值，需将开关旋转至直流电压最高量程上进行试探，然后根据情况调挡。

（3）测试直流电流

旋转开关选择好量程，根据电路的极性把万用表串联在被测电路中。

（4）测试电阻

把开关旋转到“Ω”挡位，将两根表笔短接进行调零，随后即可进行测试电阻。

2.14 水电封槽

使用工具

搅拌器

铁锹

水泥桶

施工流程

❶ 搅拌水泥砂浆 —— ❷ 水电封槽

注意事项

水泥砂浆均匀地填满水管凹槽，不可有空鼓。待封槽水泥快风干时，检查表面是否平整。若发现凹陷，应及时补封水泥。

2.14.1 搅拌水泥砂浆

施工要点

搅拌水泥的位置选择在避开水管、空旷干净的地方。搅拌水泥之前，将地面清洁干净。水泥与细沙的比例为 1∶2。

混合水泥、细沙

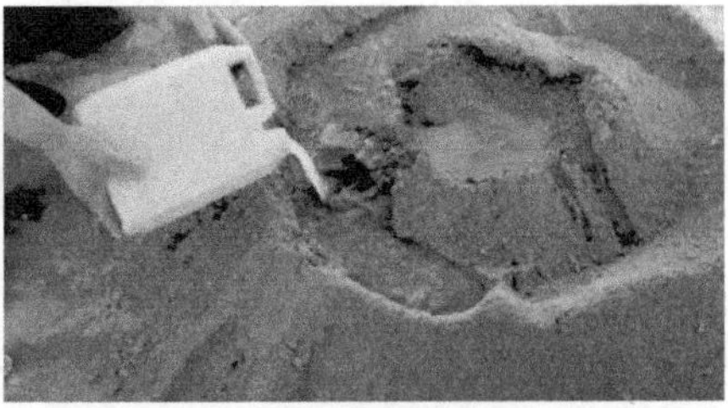

兑水

2.14.2 水电封槽

施工要点

从地面开始封槽，然后到墙面，先封竖向凹槽，再封横向凹槽。

封槽施工

2.15 强、弱电箱安装

使用工具

锤子

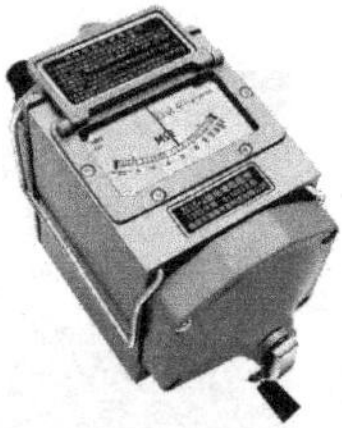

绝缘电阻测试仪

剥线钳

施工流程

① 定位画线 —— ② 剔出洞口 —— ③ 隐埋 —— ④ 安装断路器、接线 —— ⑤ 检测电路

注意事项

剔洞口的位置不可选择在承重墙处。若剔洞时，内部有钢筋，则重新设计位置。

2.15.1 定位画线

施工要点

根据预装高度与宽度定位画线。

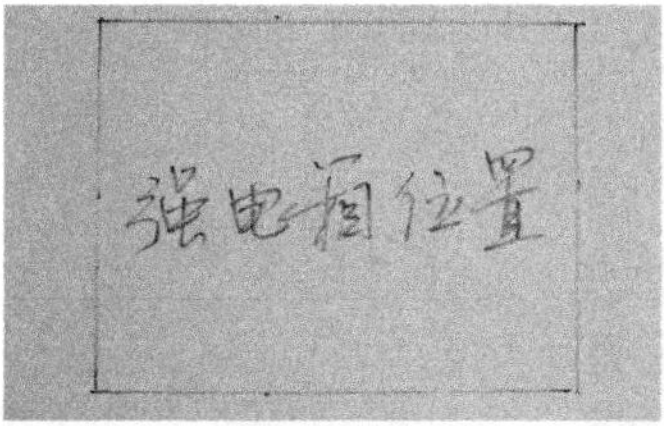

强电箱文字标记

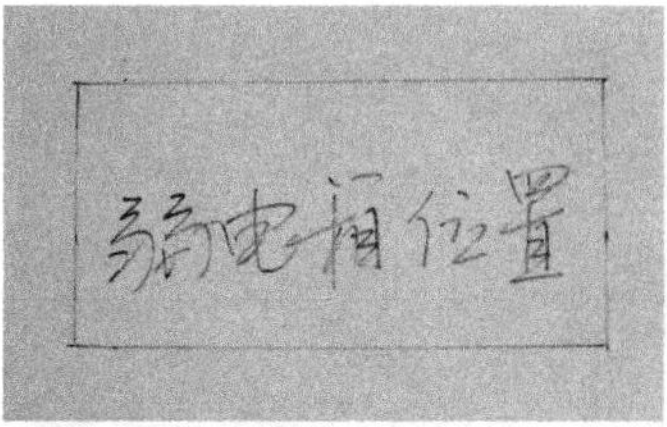

弱电箱文字标记

2.15.2 剔出洞口

施工要点

用工具剔出洞口，敷设管线。

剔出洞口

2.15.3 隐埋

施工要点

将强、弱电箱箱体放入预埋的洞口中隐埋。

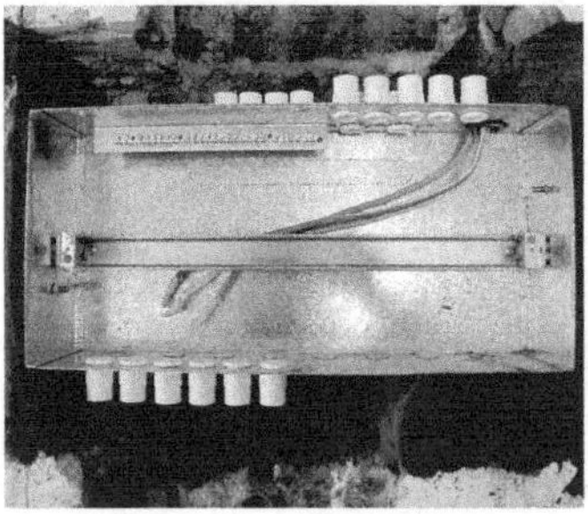

强电箱隐埋

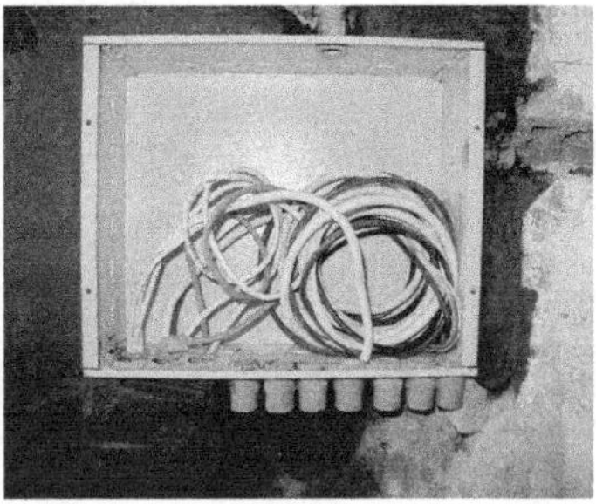

弱电箱隐埋

2.15.4 安装断路器、接线

施工要点

将线路引进电箱内，安装断路器、接线。

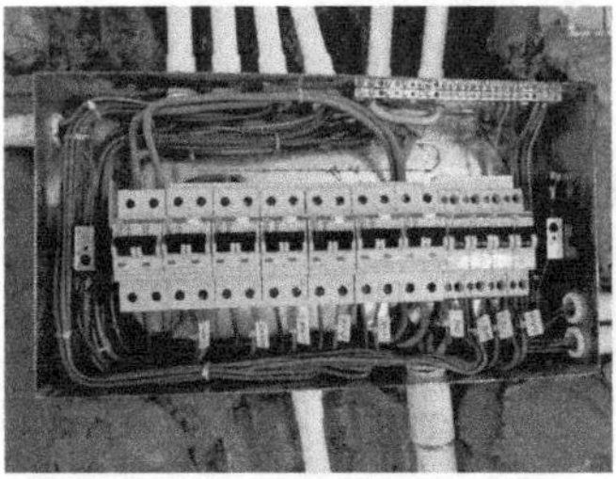

强电箱接线

弱电箱接线

2.15.5 检测电路

施工要点

检测电路，安装面板，并标明每个回路的名称。

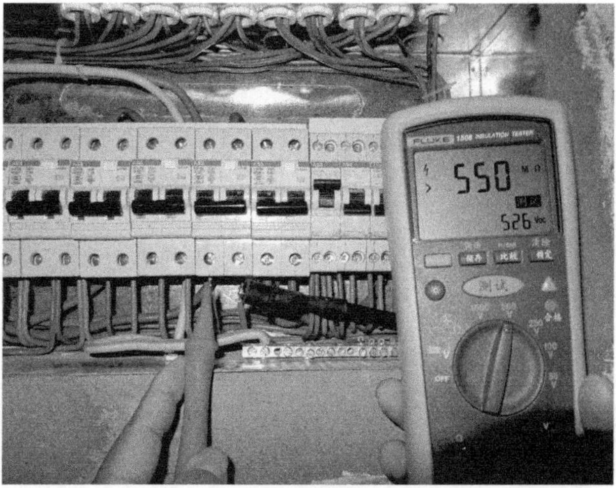

绝缘电阻测试

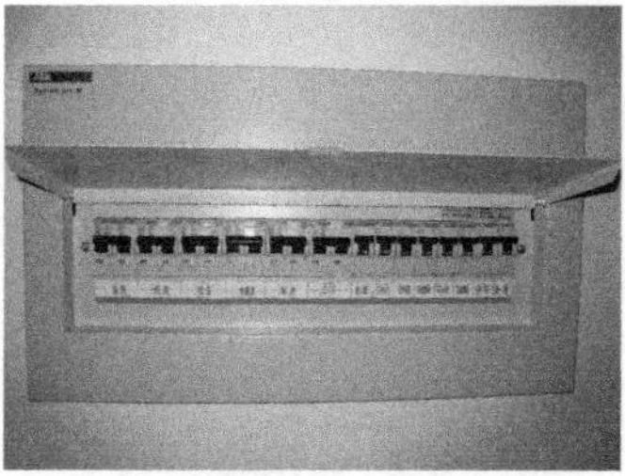

强电箱标明回路

弱电箱标明回路

2.16 开关、插座安装

使用工具

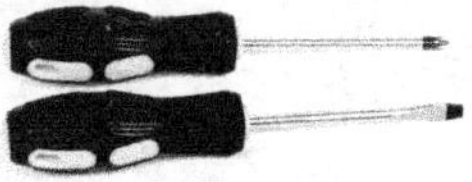

螺丝刀

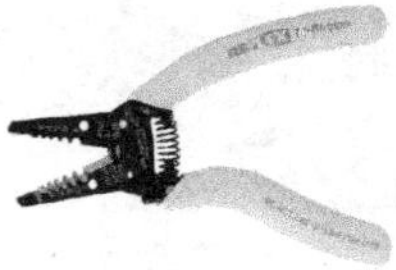

剥线钳

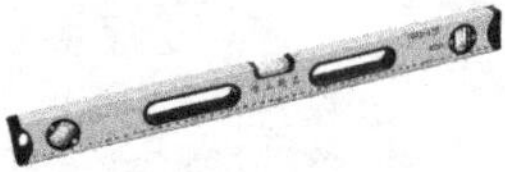

水平尺

錾子

施工流程

❶ 清除暗盒内杂物 —— ❷ 修剪电线 —— ❸ 清理边框 —— ❹ 接线 —— ❺ 找平 —— ❻ 固定开关面板

2.16.1 清除暗盒内杂物

施工要点

用錾子将盒内残存的灰块剔掉，同时将其他杂物一并清出盒外，再用湿布将盒内灰尘擦净。如导线上有污物也应一起清理干净。

清理暗盒

2.16.2 修剪电线

施工要点

先将盒内甩出的电线留出15~20cm 的维修长度，削去绝缘层，注意不要碰伤线芯，如开关、插座内为接线柱，将电线按顺时针方向盘绕在开关、插座对应的接线柱上，然后旋紧压头。

修剪、整理电线

2.16.3 清理边框

施工要点

用锤子清理边框，准备安装开关、插座。

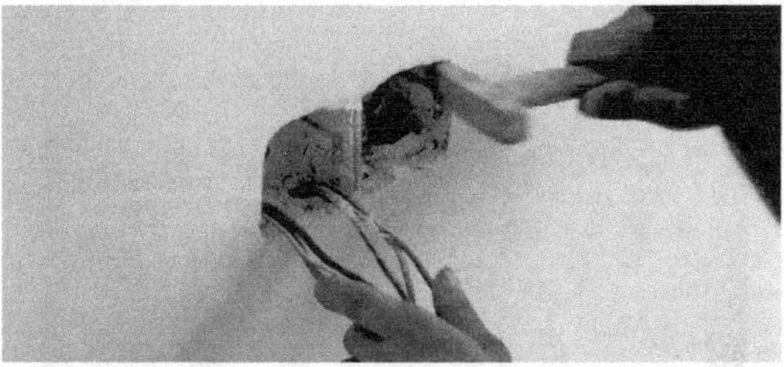

清理暗盒边框

2.16.4 接线

施工要点

（1）火线、零线按照标准连接在开关上。

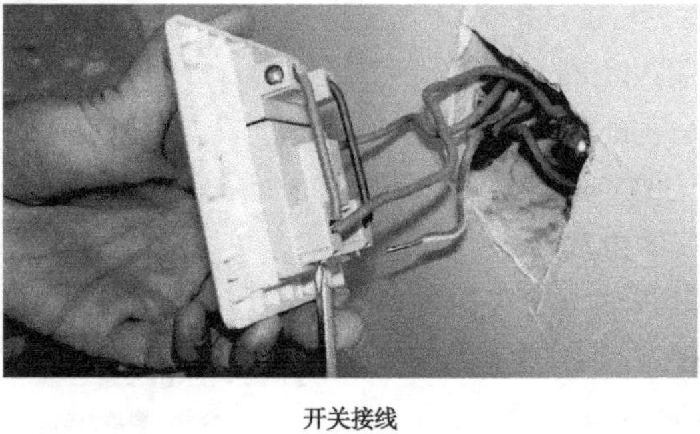

开关接线

（2）插座安装有横装和竖装两种方法。横装时，面对插座的右极接火线，左极接零线。竖装时，面对插座的上极接火线，下极接零线。单相三孔及三相四孔的接地或接零线均应在上方。

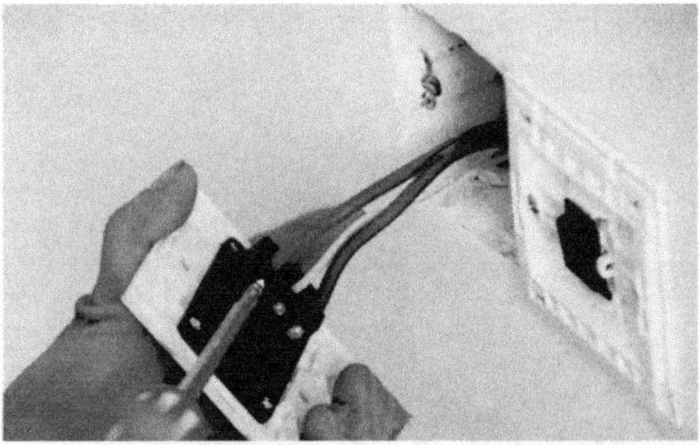

插座接线

2.16.5 找平

施工要点

用水平尺找平，及时调整开关、插座水平。

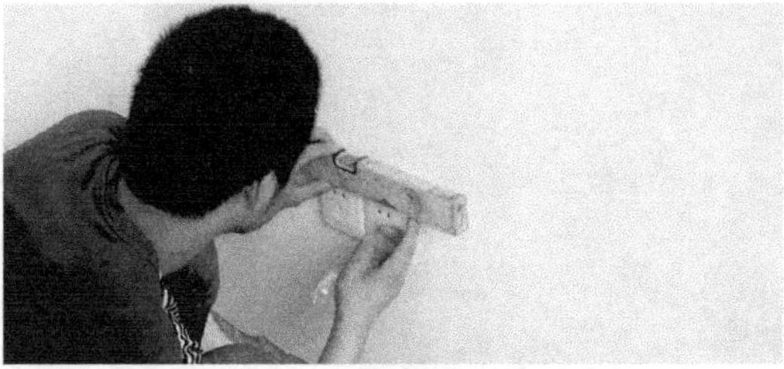

水平尺找平

2.16.6 固定开关面板

施工要点

用螺钉固定开关，盖上装饰面板。螺拧紧的过程中，需不断调节开关的水平，最后盖上面板。

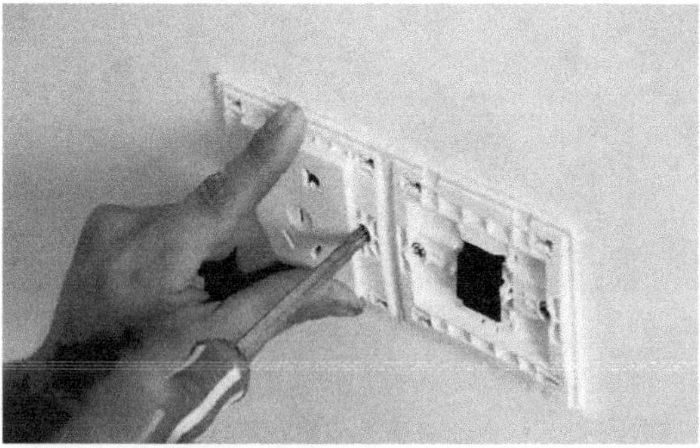

拧紧开关、插座

盖上装饰面板

3 第三章 瓦工现场施工

泥瓦工施工属于家庭装修的中期工程，在水电改造结束后进场。泥瓦工施工的周期并不长，通常一周之内完成，在施工结束后，现场需要做防护措施，对新铺贴的地面、墙面进行保护，防止后期施工工种进场，对泥瓦工施工成果造成破坏。

3.1 砖体墙砌筑

使用工具

吊线坠

水泥桶

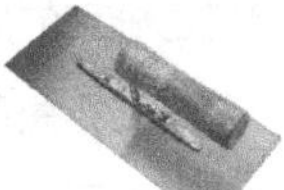

平面抹泥刀

铁锹

施工流程

① 浇水湿润 —— ② 放线 —— ③ 制备水泥砂浆 —— ④ 砌筑墙体 —— ⑤ 抹水泥砂浆层

注意事项

砌砖宜采用一铲灰、一块砖、一挤揉的“三一”砌砖法，即满铺满挤操作法。砌砖一定要跟线，“上跟线、下跟棱，左右相邻要对平”。

3.1.1 浇水湿润

施工要点

（1）在砌筑施工的前一天，对砖体浇水湿润，一般以水浸入砖四边 1.5cm 为宜，不可在同一位置反复浇水，浇水量不可过大，以含水率 10%~15% 为宜。

对砖体进行浇水

（2）在雨季，砖体浇水以湿润为主，在干燥季节，应增加砖体的浸水度。

（3）在新砌墙和原结构接触处，需浇水湿润，确保砖体的粘接牢固度。

墙体浇水

3.1.2 放线

施工要点

（1）放线之前先清理地面，去除明显的颗粒，并将凹凸不平处凿平。

（2）确定新砌墙体的位置有无门口、窗口，在门口或窗口的宽度、高度上放线做标记。在砌墙的两边放垂直竖线做标记，以计算砖墙的铺贴方式。

（3）在墙体的阴角、阳角处放线，构造出墙体的轮廓。

（4）在离地 500mm 左右的位置放横线，并随着砖墙向上砌筑，不断地上移，与砖墙始终保持 200mm 左右的距离。

新砌筑墙体放竖线

3.1.3 制备水泥砂浆

施工要点

（1）砌筑在墙体内部起黏合作用的水泥砂浆，水泥和沙子应保持 1：3 的比例。

按比例调配水泥砂浆

（2）粘贴在砖体表面的水泥砂浆，可采用全水泥，也可采用水泥和沙子 1：2 的比例。

（3）水泥砂浆应随搅拌随使用，且必须在 3h 内用完；水泥混合砂浆必须在 4h 内用完，不得使用过夜的砂浆。

搅拌水泥砂浆

3.1.4 砌筑墙体

施工要点

（1）水平灰缝厚度和竖向灰缝宽度一般为 10mm，但不应小于 8mm 也不应大于 12mm。

墙体预埋钢筋

（2）在新旧墙体的衔接处、在两面墙体连接的内部，必须每隔 60cm 置入一根长度不小于 40cm 的 6mm 粗 L 形钢筋，并采用植筋胶水进行二次固定。在墙体连接点的外部，需要铺设一张宽度不小于 15mm 的铁丝网，用以增强两者的连接紧密性。

新旧墙体衔接处挂钢丝网

3.1.5 抹水泥砂浆层

施工要点

（1）从上往下打底，底层砂浆抹完后，将架子升上去，再从上往下抹面层砂浆。

抹水泥砂浆层

（2）在抹面层灰前，应先检查底层砂浆有无空、裂现象，如有空、裂，应剔凿返修后再抹面层灰；另外应注意底层砂浆上的尘土、污垢等应先清理干净，浇水湿润后，方可进行面层抹灰。

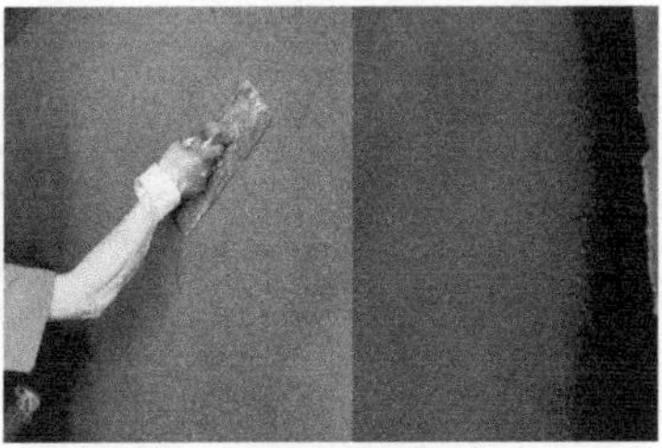

阳角处理平直

3.2 玻璃纤维增强混凝土轻质隔墙砌筑

使用工具

水平尺

撬棍

卷尺

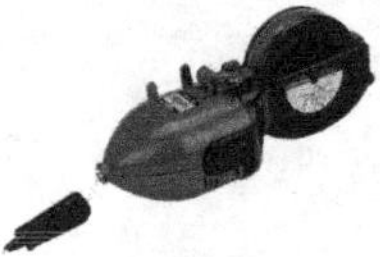

墨斗

施工流程

❶ 切割隔墙板——❷ 定位放线——❸ 安装

注意事项

安装轻质水泥隔板墙时，要先在水泥板的四边抹上水泥，然后竖立起来安装，调整缝隙大小，并用木楔挤紧固定。

3.2.1 切割隔墙板

施工要点

玻璃纤维增强混凝土（GRC）轻质隔墙板的宽度在 600~1200 mm 之间，长度在 2500~ 4000mm 之间。根据所购买的隔墙板的尺寸，预排列在墙面中，计算用量，多余的部分使用手持电锯切割。

3.2.2 定位放线

施工要点

（1）使用卷尺测量 GRC 轻质隔墙板的厚度。常见的隔墙板厚度有 90mm、120mm、150mm 三种规格。

（2）在砌筑 GRC 轻质隔墙板的轴线上弹线，按照隔墙板厚度弹双线，分别固定在上下两端。

3.2.3 安装

施工要点

（1）无门洞口，从外向内安装；有门洞口，由门洞口向两边扩展，门洞口边使用整板。

（2）将条板侧抬至梁、板底面弹有安装线的位置，黏结面用备好的水泥砂浆全部涂抹，两侧做八字角。

（3）竖板时一人在一边推挤，一人在下面用撬棍撬起，挤紧缝隙，以挤出胶浆为宜。在推挤时，注意板面找平、找直。

3.3 包立管

使用工具

平面抹泥刀

水泥桶

施工流程

注意事项

砖体内侧贴管道处错缝砌筑，直角处采用砖体搓接；各交界面灰浆填充饱满；管道有检修口时应预留检修孔。

3.3.1 砌筑砖体

✍ 施工要点

砌筑采用立砖法，即将砖体侧立起来砌筑。这样可节省空间面积，避免包立管占用过多的空间。

3.3.2 拉墙筋，挂铁丝网

✍ 施工要点

（1）拉墙筋要隐藏在砖体之中，每 500mm 的距离加固一道，防止砖体收缩损伤到管道，并且保证砖体与管道之间保持 10mm 的收缩缝。

（2）铁丝网要满挂，按照从上到下、从阳角到两边的顺序施工，一边挂网，一边固定，防止铁丝网脱落。

拉墙筋

挂铁丝网

3.3.3 抹水泥

✍ 施工要点

抹水泥时，应保证水泥均匀涂满铁丝网，不可出现空鼓和漏刷现象。

3.4 水泥砂浆找平

使用工具

红外线水平仪

靠尺

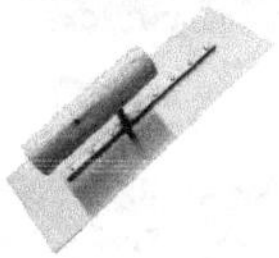
抹子

方铁锹

施工流程

① 清理基层 — ② 墙面标记，确定抹灰厚度 — ③ 搅拌水泥砂浆 — ④ 铺设水泥砂浆并找平 — ⑤ 洒水养护一周

注意事项

水泥砂浆找平施工难度和复杂度较低，但应具有一定的厚度，当室内的层高较低时，并不适合采用水泥砂浆找平。

3.4.1 清理基层

施工要点

（1）用铲子、凿子除掉基层上凸出的水泥块，使用扫把将地面清扫干净，清除地面中的灰尘。

（2）用喷壶在地面基层上均匀地洒一遍水。

地面洒水

3.4.2 墙面标记，确定抹灰厚度

施工要点

（1）根据墙上 1m 处水平线，往下量出面层的标高，并弹在墙面上。

（2）根据房间四周墙上弹出的面层标高水平线，确定面层抹灰的厚度，然后再拉水平线。

测量标记抹灰厚度

3.4.3 搅拌水泥砂浆

施工要点

为保证水泥砂浆搅拌得均匀，应采用搅拌机搅拌。搅拌时间应选择在找平之前，搅拌好之后，及时使用，防止水泥砂浆干涸。

手持搅拌机搅拌水泥砂浆

3.4.4 铺设水泥砂浆并找平

施工要点

（1）铺设水泥砂浆前，要涂刷一层素水泥浆，涂刷面积不要太大，随刷随铺面层的砂浆，在灰饼之间把砂浆铺均匀即可。

（2）用木刮杠刮平之后，立即用木抹子搓平，并随时用 2m 靠尺检查平整度。用木抹子刮平之后，需立即用铁抹子压第一遍，直到出浆为止。

靠尺检查水平度

木刮杠刮平

3.4.5 洒水养护一周

施工要点

地面压光完工后的 24h，要铺锯末或是其他材料进行覆盖洒水养护，保持湿润，养护时间不少于 7d。

洒水养护

3.5 自流平找平

使用工具

打磨机

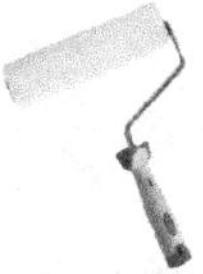

滚筒

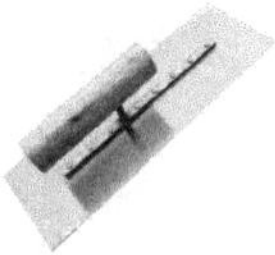

抹泥刀

水泥桶

施工流程

① 对地面进行预处理 —— ② 涂刷界面剂 —— ③ 倒自流平水泥

注意事项

自流平一般分为垫层自流平和面层自流平。垫层自流平是垫在木地板、塑胶地板、地毯之类的材料下面使用的，面层自流平是可以直接当地面使用的。两者之间的品质差异较大。

3.5.1 对地面进行预处理

✍施工要点

一般毛坯地面上会有凸出的地方，需要将其打磨掉。一般需要用到打磨机，采用旋转平磨的方式将凸块磨平。

打磨机打磨施工

3.5.2 涂刷界面剂

✍施工要点

地面打磨处理后，需要在打磨平整的地面上涂刷两次界面剂。

涂刷界面剂

3.5.3 倒自流平水泥

✍施工要点

（1）通常水泥和水的比例是 1 ： 2，确保水泥能够流动但又不可太稀，否则干燥后强度不够，容易起灰。

（2）倒好自流平水泥后，将水泥推开推平。推开的过程出现凹凸的话，需要靠滚筒将水泥压匀。如果缺少这一步，很容易导致地面出现局部的不平，以及后期局部的小块翘空等问题。

3.6 墙面砖铺贴

使用工具

水平尺

橡胶槌

水泥桶

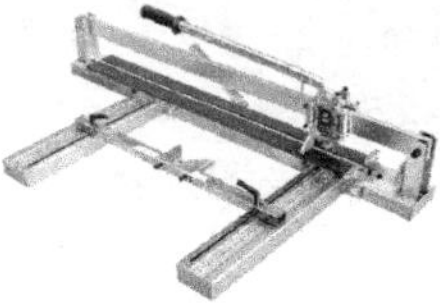

瓷砖切割机

抹泥刀

施工流程

1 预排 — 2 拉标准线 — 3 做灰饼、标记 — 4 泡砖，湿润墙面 — 5 铺贴墙砖

3.6.1 预排

施工要点

（1）预排施工时，注意同一墙面的横竖排列，不得有一行以上的非整砖。

（2）如无设计规定时，接缝宽度可在 1~1.5mm 之间调整。在管线、灯具、卫生设备支撑等部位，应用整砖套割吻合，不得用非整砖拼凑镶贴，以保证美观效果。

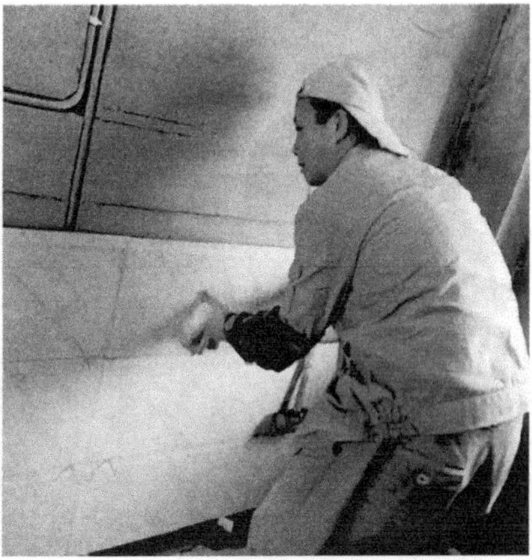

预排墙面砖

3.6.2 拉标准线

施工要点

根据室内标准水平线，找出地面标高，按贴砖的面积计算纵横的批数，用水平尺找平，并弹出釉面砖的水平和垂直控制线。

阳角处拉标准线

3.6.3 做灰饼、标记

施工要点

为了控制整个镶贴釉面砖表面的平整度，正式镶贴前，可在墙上粘废釉面砖作为标志块，上下用托线板挂直，作为粘贴厚度的依据，横向每隔 1.5m 左右做一个标志块，用拉线或靠尺校正平整度。

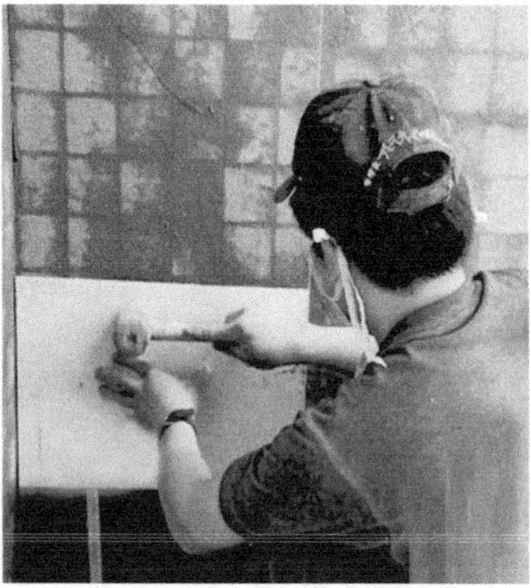

粘贴标志块做标记

3.6.4 泡砖，湿润墙面

施工要点

（1）釉面砖粘贴前应放入清水中浸泡 2h 以上，然后取出晾干，用手按砖背无水迹时方可粘贴。冬季宜在掺入 2% 盐的温水中浸泡。

泡砖

（2）砖墙面要提前 1 天湿润好，混凝土墙面可以提前 3 ~4 天湿润，以免吸走黏结砂浆中的水分。

3.6.5 铺贴墙砖

施工要点

（1）在釉面砖背面抹满灰浆，四周刮成斜面，厚度在 5mm 左右，注意边角要满浆。将釉面砖贴在墙面中应用力按压，并用灰铲木柄轻击砖面，使釉面砖紧密粘于墙面。贴砖时注意按要求预留缝隙。

砖背抹满灰浆

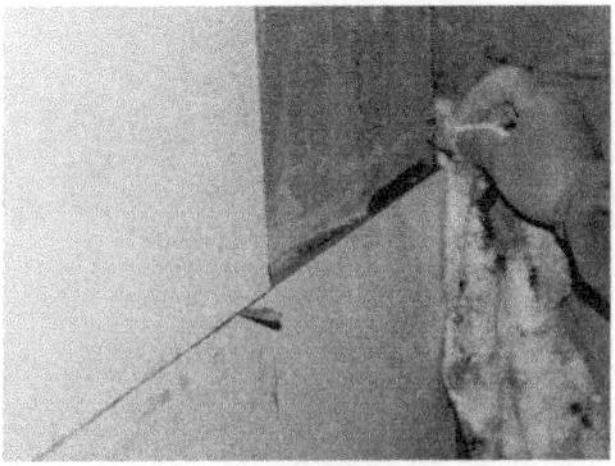

预留缝隙

（2）铺完整行的砖后，用靠尺横向校正一次。对高于标志块的应轻轻敲击，使其平齐；对低于标志块的，应取下砖，重新抹满刀灰铺贴，不得在砖口处塞灰，否则会产生空鼓。

（3）在有洗面盆、镜子等的墙面上，应按洗面盆下水管部位为准，往两边贴砖。

敲击平齐

3.7 马赛克铺贴（软贴法）

使用工具

水平尺

橡胶槌

水泥桶

瓷砖切割机

抹泥刀

施工流程

❶ 刷素水泥浆 —— ❷ 铺贴马赛克

注意事项

注意在进行马赛克铺贴施工时，一般按从上往下的顺序进行铺贴，不可颠倒顺序。

3.7.1 刷素水泥浆

施工要点

在湿润的找平层上刷素水泥浆一遍，抹 3mm 厚的 1：1：2 纸筋石灰膏水泥混合浆黏结层。待黏结层用手按压无坑印时，即在上面弹线分格。由于灰浆仍稍软，故称为“软贴法”。

3.7.2 铺贴马赛克

施工要点

（1）将每联马赛克铺在木板上（底面朝上），用湿棉纱将马赛克黏结层面擦拭干净，再用小刷蘸清水刷一遍。

（2）在马赛克粘贴面上刮一层 2mm 厚的素水泥浆，边刮边用铁抹子向下挤压，并轻敲木板振捣，使素水泥浆充盈拼缝内，排出气泡。

（3）最后在黏结层上刷水、湿润，将马赛克按线、靠尺铺贴在墙面上，并用橡胶槌轻轻拍敲按压，使其更加牢固。

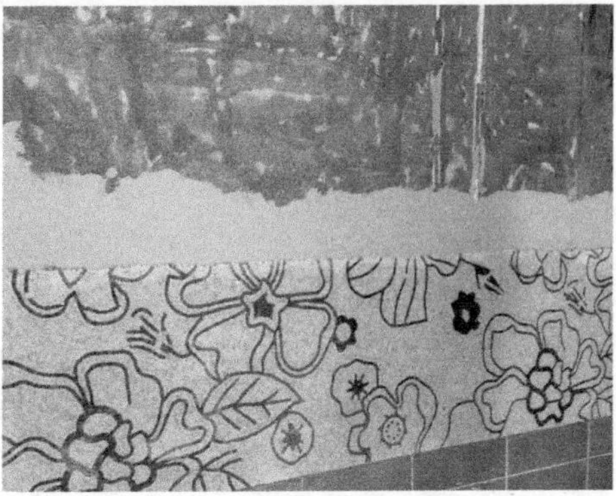

软贴法铺贴马赛克

3.8 马赛克铺贴（干缝撒灰湿润法）

使用工具

水平尺

橡胶槌

水泥桶

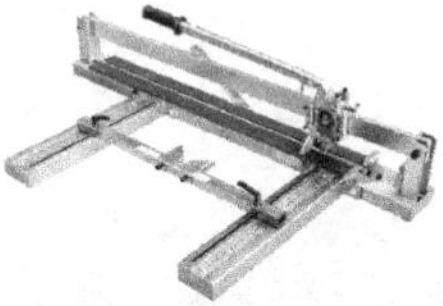
瓷砖切割机

抹泥刀

施工流程

1. 撒水泥干灰
2. 铺贴

3.8.1 撒水泥干灰

施工要点

（1）在马赛克背面满撒 1 ： 1 细沙和水泥干灰（混合搅拌应均匀）充盈拼缝，然后用灰刀刮平，并洒水使缝内干灰湿润成水泥砂浆。

（2）铺贴时，注意缝格内干砂浆应撒填饱满，水湿润应适宜，太干易使缝内部分干灰在提纸时漏出，造成缝内无灰；太湿则马赛克无法提起，不能镶贴。

3.8.2 铺贴

施工要点

按照软贴法将马赛克铺贴于墙面中。

干缝撒灰湿润法铺贴马赛克

3.9 地面瓷砖铺贴

使用工具

水平尺

橡胶槌

水泥桶

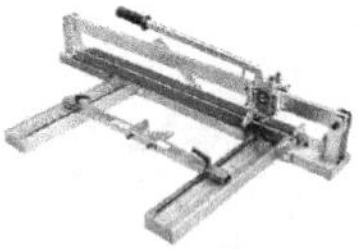
瓷砖切割机

抹泥刀

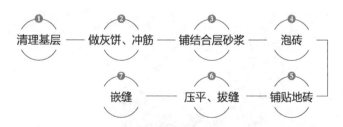

施工流程

① 清理基层 — ② 做灰饼、冲筋 — ③ 铺结合层砂浆 — ④ 泡砖 — ⑤ 铺贴地砖 — ⑥ 压平、拔缝 — ⑦ 嵌缝

注意事项

施工前，注意要清理基层，将地面中的大颗粒以及各种装修废料清理出现场。

3.9.1 做灰饼、冲筋

施工要点

（1）根据墙面的 50 线弹出地面建筑标高线和踢脚线上口线，然后在房间四周做灰饼。灰饼表面应比地面建筑标高低一块砖的厚度。

（2）厨房及卫生间内陶瓷地砖应比楼层地面建筑标高低 20mm，并从地漏和排水孔方向做放射状标筋，坡度应符合设计要求。

3.9.2 铺结合层砂浆

施工要点

应提前浇水湿润基层，刷一遍素水泥浆，随刷随铺 1：3 的干硬性水泥砂浆，根据标筋标高，将砂浆用刮尺拍实刮平，再用长刮尺刮一遍，然后用木抹子搓平。

铺结合层砂浆

3.9.3 泡砖

施工要点

将选好的陶瓷地砖清洗干净后，放入清水中浸泡 2~3h，然后取出晾干备用。

3.9.4 铺贴地砖

施工要点

（1）按线先铺纵横定位带，定位带间隔 15~20 块砖，然后铺定位带内的陶瓷地砖。

（2）从门口开始，向两边铺贴；也可按纵向控制线从里向外倒着铺。

（3）踢脚线应在地面做完后铺贴；楼梯和台阶踏步应先铺贴踢板，后铺贴踏板，踏板先铺贴防滑条；镶边部分应先铺镶。

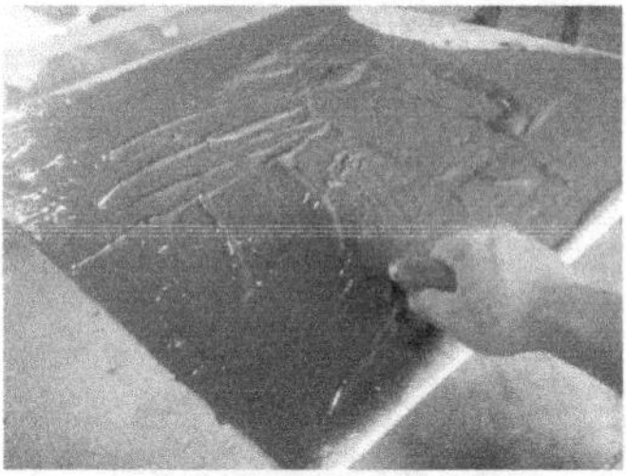

砖背抹水泥砂浆

铺设定位砖、拉线

铺设门口瓷砖

统一缝隙、调整平整度

3.9.5 压平、拔缝

施工要点

（1）每铺完一个房间或区域，用喷壶洒水后约 15min，用橡胶槌垫硬木拍板按铺砖顺序拍打一遍，不得漏拍，在压实的同时用水平尺找平。

（2）压实后拉通线，先竖缝后横缝进行拔缝调直，使缝口平直、贯通。调缝后，再用橡胶槌和拍板拍平。如陶瓷地砖有破损，应及时更换。

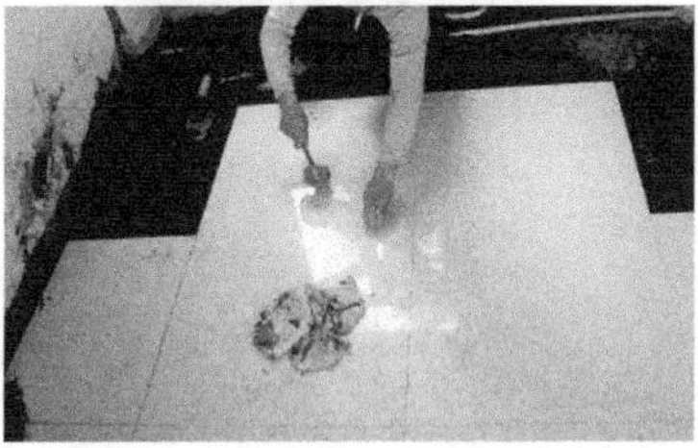

橡胶槌压平、拔缝

3.9.6 嵌缝

施工要点

陶瓷地砖铺完 2 天后，将缝口清理干净，并刷水湿润，用水泥浆嵌缝。如是彩色地面砖，则用白水泥或调色水泥浆嵌缝，嵌缝做到密实、平整、光滑，在水泥砂浆凝结前，应彻底清理砖面灰浆，并将地面擦拭干净。

地砖嵌缝

3.10 地面拼花铺贴

使用工具

切割机

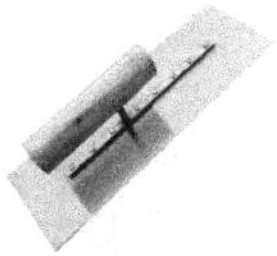
抹泥刀

橡胶槌

水平尺

施工流程

① 切割瓷砖 —— ② 试铺 —— ③ 铺贴拼花瓷砖 —— ④ 养护、嵌缝

注意事项

在铺贴 8 块以上拼花瓷砖时，记得用水平尺检查平整度。在铺贴的过程中，应及时擦去附着在拼花瓷砖表面的水泥浆。

3.10.1 切割瓷砖

施工要点

根据拼花设计图纸，在瓷砖上标记出切割尺寸。使用画线针在瓷砖上划出印记，使用手持式切割机按照印记切割，丢弃废料，将切割好的瓷砖堆放在一起，准备铺贴。

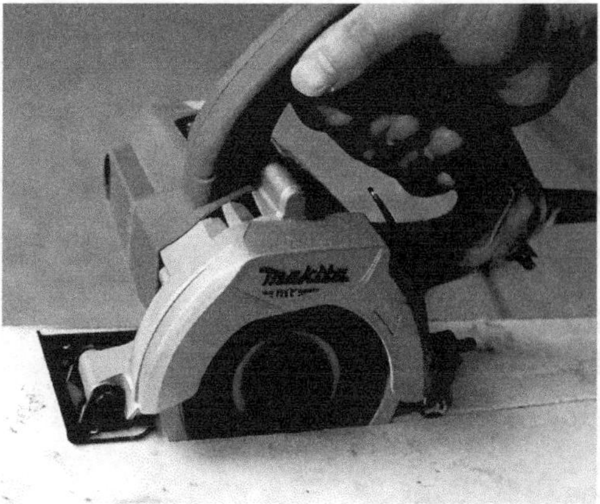

切割瓷砖

3.10.2 试铺

施工要点

按照图纸分区位置进行无黏结试铺，确保曲线结合之间的均匀缝隙不大于 0.5mm。同时检查拼合的曲线是否流畅，没有影响效果的硬折线、直线。

3.10.3 铺贴拼花瓷砖

施工要点

（1）在铺贴位置浇筑适量 1∶3.5 的水泥砂浆，厚度小于 10mm。同时在瓷砖背部涂抹约 1mm 后的素水泥膏。

（2）用 1∶2 的水泥砂浆在定位线的位置铺贴拼花瓷砖，用橡胶槌按标高控制线和方正控制线调整拼花瓷砖的位置。

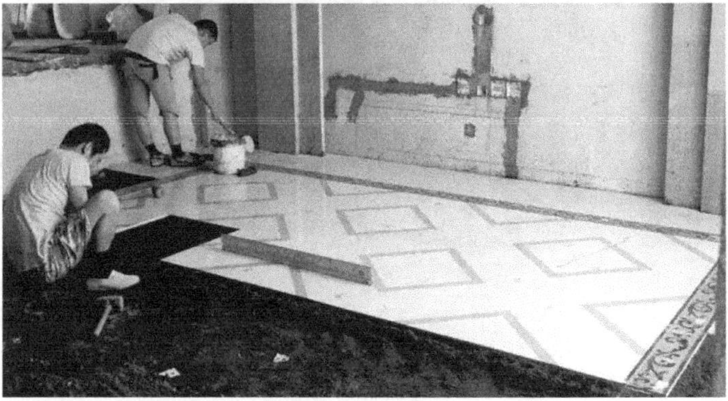

铺贴拼花瓷砖

3.10.4 养护、嵌缝

施工要点

（1）拼花瓷砖在铺贴完工后，需要养护 2 天，然后进行拼花嵌缝。

（2）将白水泥调成干性团，在缝隙上涂抹，使拼花瓷砖的缝内均匀填满白水泥，再将拼花瓷砖表面擦干净。

白水泥嵌缝

3.11 窗台板铺贴

使用工具

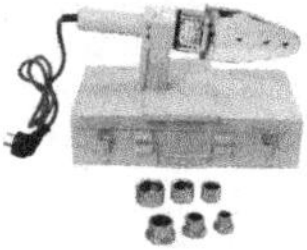
热熔机

切割机

管钳

锉刀

胶水

施工流程

❶清理基层 — ❷抹底灰 — ❸定位弹线 — ❹切割窗台板 — ❺铺贴窗台板

注意事项

石材窗台板的铺贴常使用半湿式施工，这种施工方式适合重量大、尺寸宽的石材，可一次性安装铺贴到位。

3.11.1 清理基层

施工要点

（1）铲除混凝土表面的凸起部分，清理混凝土表面的颗粒。

（2）对光滑的基层表面进行凿毛处理，以利于基层和窗台板的黏结。

3.11.2 抹底灰

施工要点

使用 1：3 的水泥砂浆抹底灰，厚度保持在 12mm，然后用木刮做刮平、刮毛处理。

3.11.3 定位弹线

施工要点

按照设计图纸和实际粘贴的部位，以及所用窗台板的规格、尺寸弹出水平线和垂直线。弹线时考虑窗台板的接缝宽度，一般不大于 1mm。

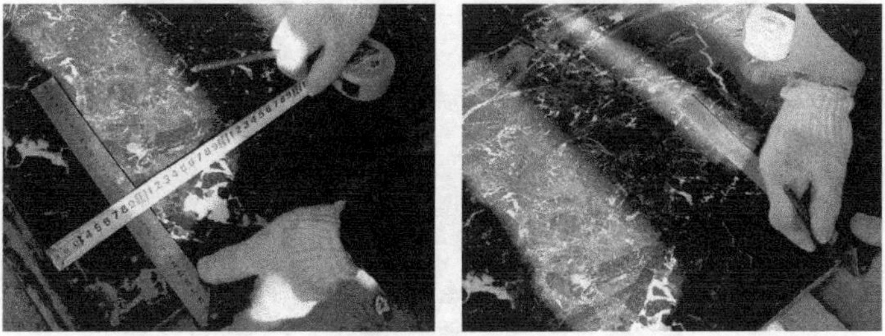

石材测量画线

3.11.4 切割窗台板

施工要点

按照窗台的长度切割窗台板，对边角做圆润处理。

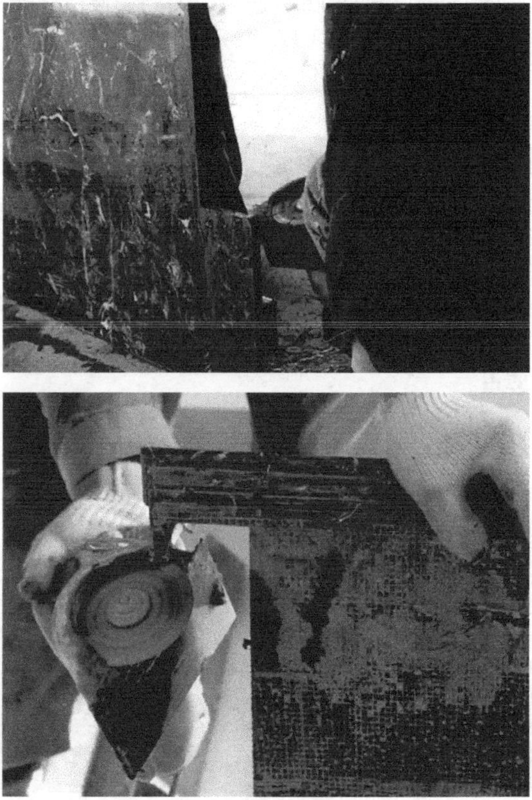

切割窗台板

3.11.5 铺贴窗台板

施工要点

（1）先在抹好的底灰上洒水润湿，并在将要铺贴的面上薄薄地刮一道素水泥浆，然后将经过湿润、晾干的窗台板在背面抹上 2~3mm 厚的素水泥浆，进行铺贴。

板材接缝处打胶

（2）用木槌轻轻敲击，使之固定，铺贴时应随时用靠尺找平找直，并采用支架稳定靠尺，随即将流出的水泥浆擦掉。

铺贴完成效果

（3）对于面积较小的部位，也可用环氧树脂等胶黏剂直接铺贴。

3.12 石材干挂施工

使用工具

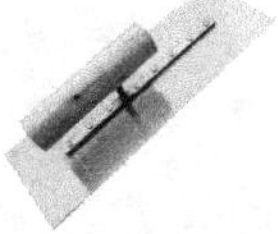

抹泥刀

橡胶槌

水平尺

施工流程

❶打膨胀螺栓 — ❷安装钢骨架、调节片 — ❸石材开槽 — ❹安装石材 — ❺清洁石材表面

注意事项

确定膨胀螺栓间距，用冲击钻在结构上打出孔洞，准备安装膨胀螺栓，孔洞大小按照膨胀螺栓的规格确定，间距控制在500mm 左右。

3.12.1 安装钢骨架、调节片

施工要点

（1）对非承重的空心砖墙体，干挂石材时采用镀锌槽钢和镀锌角钢做骨架，采用镀锌槽钢做主龙骨，镀锌角钢做次龙骨形成骨架网（在混凝土墙体上可直接采用挂件与墙体连接）。

（2）调节片根据石材板块规格确定，调节挂件采用不锈钢制成，分 40mm × 3mm 和 50mm × 5mm 两种，按设计要求加工。利用螺栓与骨架连接，调节挂件须安装牢固。

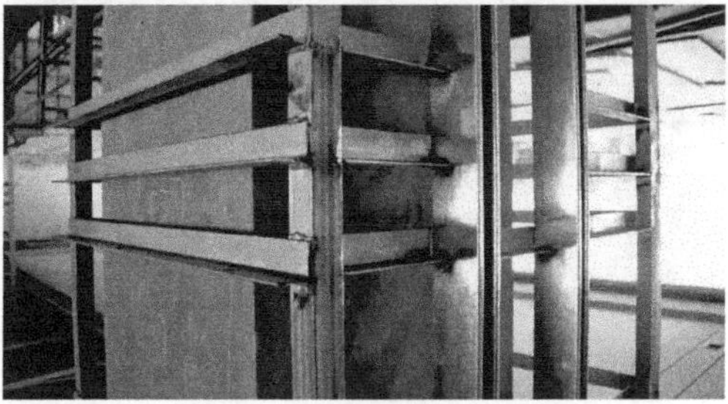

安装钢骨架

安装调节片

3.12.2 石材开槽

施工要点

（1）使用云石机在侧面开槽，开槽深度根据挂件尺寸确定，一般要求不小于 10mm。

云石机开槽

（2）为保证开槽不崩边，开槽距边缘距离为 1/4 边长且不小于 50mm。注意将槽内的石灰清理干净以保证灌胶黏结牢固。

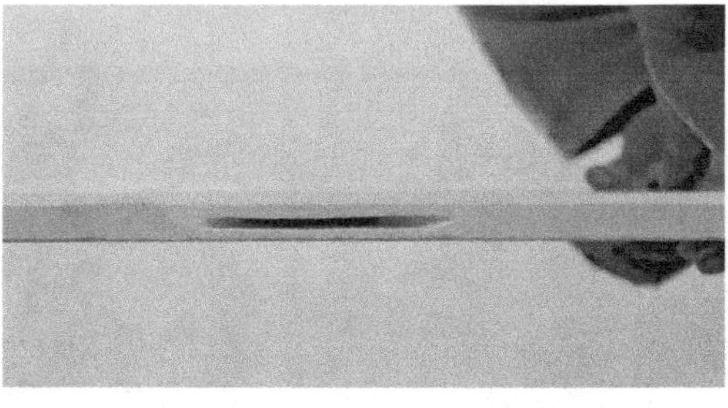

开槽细节

3.12.3 安装石材

施工要点

（1）从底层开始安装，吊垂直线依次向上安装。将石材轻放在“T”形挂件上，按线就位后调整准确位置。

安装石材

（2）立即清理槽孔，槽内注入耐修胶，保证锚固胶有 4~8h 的凝固时间，以避免过早凝固而脆裂，过慢凝固而松动。

（3）板材垂直度、平整度拉线校正后拧紧螺栓。安装时应注意各种石材的交接和接口，保证石材安装交圈。

耐修胶固定

3.13 石材湿贴施工

使用工具

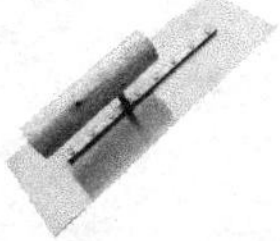
抹泥刀

橡胶槌

水平尺

施工流程

1. 定位、弹线
2. 石材钻孔、剔槽
3. 穿铜丝
4. 安装石材
5. 灌浆
6. 清洁、嵌缝

注意事项

施工墙面的表面灰尘需要打扫干净，地面以上需要进行基层清理，把表面存在的灰尘和杂物清理掉并打扫干净。

3.13.1 定位、弹线

施工要点

（1）首先用线锤从上至下找出垂直，考虑大理石板材厚度，灌注砂浆的空隙所占尺寸，一般大理石外皮距结构面的厚度应以 5~7cm 为宜。

（2）找出垂直后，在地面上顺墙弹出大理石外廓尺寸线，此线即为第一层大理石的安装基准线。编好号的大理石在弹好的基准线上画出就位线，每块留 1mm 缝隙。

3.13.2 石材钻孔、剔槽

施工要点

钻头直对石材上端面，在每块石材的上下两处打眼，孔位打在距石材宽的两端 1/4 处，每个面各打两个眼，孔径为 5mm，深度为 12mm，孔位距石板背面 8mm 为宜（指钻孔中心）。

石材湿贴标准钻孔眼

3.13.3 穿铜丝

施工要点

把准备好的铜丝剪成长 20cm 左右，一端用木楔粘环氧树脂将铜丝楔进孔内固定；另一端将铜丝或顺孔槽弯曲并卧入槽内，使大理石板上、下端面没有铜丝凸出，以便和相邻石板接缝严密。

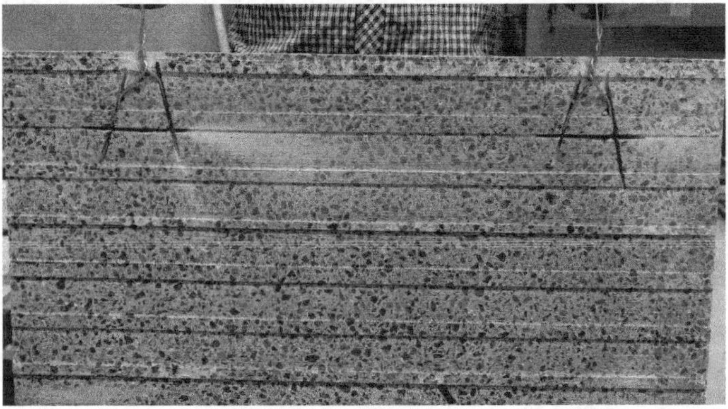

穿铜丝

3.13.4 安装石材

施工要点

（1）把石材下口铜丝或镀锌铅丝绑扎在横筋上，绑时不要太紧，可留余量，只要把铜丝或镀锌铅丝和横筋绑紧即可。把石板竖起，便可绑大理石上口铜丝，然后用木楔子垫稳。

（2）用靠尺板检查调整木楔，再拴紧铜丝或镀锌铅丝，依次向另一方进行。柱面可按顺时针方向安装。第一层安装完毕再用靠尺板找垂直，水平尺找平整，方尺找阴阳角方正。

石材安装效果

3.13.5 灌浆

施工要点

（1）把配合比为 1 ： 2.5 的水泥砂浆放入大桶内加水调成糊状，用铁簸箕舀浆徐徐倒入，注意不要碰大理石板。同时使用橡胶槌轻轻敲击石板面使灌入的砂浆排气。

（2）第一层浇灌高度为 15cm，不能超过石板高度为 1/3。第一层灌入 15cm 后停 1~2h，等砂浆初凝，再进行第二层灌浆，灌浆高度一般为 20~30cm，待初凝后再继续灌浆。第三层灌浆至低于板上口 5cm 处为止。

3.13.6 清洁、嵌缝

施工要点

全部石材安装完毕后，清除所有石膏和余浆痕迹，用抹布擦干净，并按石材颜色调制色浆嵌缝，边嵌边擦干净，使缝隙密实、均匀、干净、颜色一致。

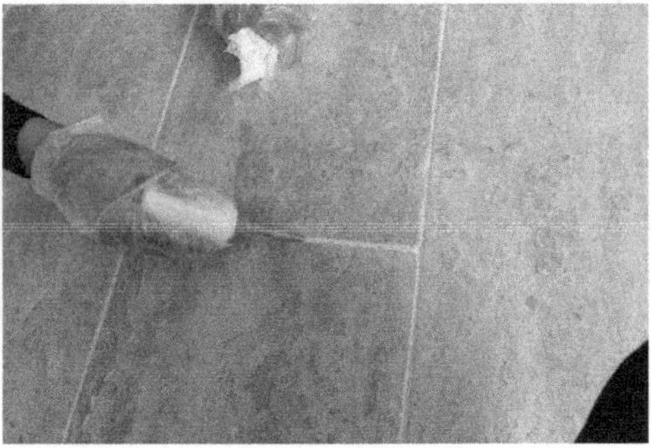

石材嵌缝

4 第四章 木工现场施工

在泥瓦工施工完成，养护几天之后，木工进场施工。在没有开始施工之前，对铺贴好瓷砖的地面进行遮盖保护，防止木工施工划伤瓷砖。木工先进行木作隔墙施工，然后进行吊顶施工。这两部分的施工内容量占据了一半以上，是木工施工中的重点项目。吊顶施工完成之后，开始制作木作造型墙和现场制安柜体。

4.1 木龙骨隔墙施工

使用工具

小电锯

小台刨

锤子

施工流程

① 定位、放线 —— ② 骨架固定点钻孔 —— ③ 安装木龙骨 —— ④ 铺装饰面板

注意事项

（1）安装饰面板前，应对龙骨进行防火和防蛀处理，隔墙内管线的安装应符合设计要求。

（2）与饰面板接触的龙骨表面应刨平、刨直，横竖龙骨接头处必须平整，其表面平整度不得大于 3mm。

4.1.1 定位、放线

施工要点

（1）根据设计图纸，在地面上弹出隔墙中心线和边线，同时弹出门窗洞口线。

（2）设计有踢脚线时，弹出踢脚线台边线。先施工踢脚台，踢脚台完工后，弹出下槛龙骨安装基准线。

4.1.2 骨架固定点钻孔

施工要点

（1）定位线弹好后，如结构施工时已预埋了锚件，则应检查锚件是否在墨线内。偏离较大时，应在中心线上重新钻孔，打入防腐木楔。

（2）门框边应单独设立筋固定点。隔墙顶部如未预埋锚件，则应在中心线上重新钻固定上槛的孔眼。

固定骨架固定点

4.1.3 安装木龙骨

施工要点

（1）找到靠主体结构墙的边立筋，用圆钉钉牢在防腐木砖上；将上槛对准边线就位，两端顶紧于边立筋，顶部钉牢，按钻孔眼用金属膨胀螺栓固定；将下槛对准边线就位，两端顶紧于边立筋，底部钉牢，用金属螺栓固定，或与踢脚台的预埋木砖钉固定。

（2）紧靠门框立筋的上、下端应分别顶紧上、下槛（或踢脚台）并用圆钉双面斜向钉入槛内，且立筋垂直度检查应合格；量准尺寸，分别等间距排列中间立筋，并在上、下槛上画出位置线。依次在上、下槛之间撑立立筋，找好垂直度后，分别与上、下槛钉牢。

（3）立筋间要撑钉横撑，两端分别用圆钉斜向钉牢于立筋上。同一行横撑要在同一水平线上。

固定木龙骨

4.1.4 铺装饰面板

施工要点

（1）用普通圆钉固定时，钉距为 80~150mm，钉帽要砸扁，冲入板面 0.5~1.0mm。采用钉枪固定时，钉距为 80~100mm。

（2）纸面石膏板宜竖向铺设，长边接缝应安装在立筋上，龙骨两侧的石膏板接缝应错开，不得在同一根龙骨上接缝。

（3）纤维板如用圆钉固定，钉距为 80~120mm，钉长为 20~30mm，打扁的钉帽冲入板面 0.5mm。板条隔墙在板条铺钉时的接头，应落在立筋上，其断头及中部每隔一根立筋应用 2 颗圆钉固定。板条的间隙宜为 7~10mm，板条接头应分段交错布置。

表面石膏板固定

4.2 轻钢龙骨隔墙施工

使用工具

气钉枪

自攻螺钉

木工三角尺

电圆锯

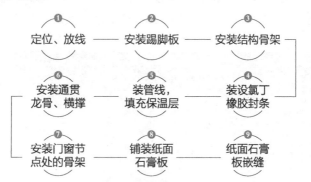

施工流程

1. 定位、放线
2. 安装踢脚板
3. 安装结构骨架
4. 装设氯丁橡胶封条
5. 装管线，填充保温层
6. 安装通贯龙骨、横撑
7. 安装门窗节点处的骨架
8. 铺装纸面石膏板
9. 纸面石膏板嵌缝

注意事项

轻钢龙骨隔墙对楼板的承重要求较低，因此适合安装在复式户型中的钢结构楼板上作为隔墙材料。

4.2.1 定位、放线

施工要点

确定轻钢龙骨隔墙的安装位置，在地面中弹出一根中心线。测量轻钢龙骨隔墙的宽度，并根据宽度弹出边线。

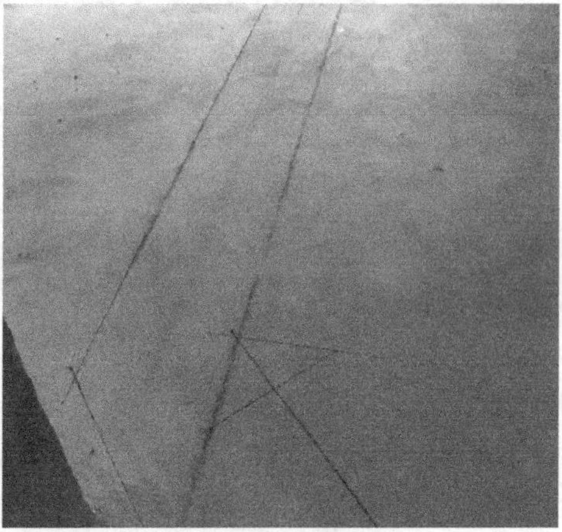

地面弹线

4.2.2 安装踢脚板

施工要点

若设计要求设置踢脚板，则应按照踢脚板详图先进行踢脚板施工。将楼地面凿毛清扫后，立即洒水浇筑混凝土。但进行踢脚板施工时，应预埋防腐木砖，以方便沿地龙骨固定。

4.2.3 安装结构骨架

施工要点

（1）**安装沿地横龙骨（下槛）和沿顶横龙骨（上槛）。**如果沿地横龙骨安装在踢脚板上，应等踢脚板养护到期达到设计强度后，在其上弹出中心线和边线。地龙骨固定，如已预埋木砖，则将地龙骨用木螺钉钉结在木砖上，如无预埋件，则用射钉进行固结，或先钻孔后用膨胀螺栓进行连接固定。

（2）**沿地、沿顶龙骨应安装牢固，龙骨与基体的固定点间距不应大于1000mm。**安装沿地、沿顶龙骨的木棱时，应将木棱两端深入墙内至少120mm，以保证隔墙与墙体连接牢固。

用射钉固定沿顶横龙骨

（3）**安装沿墙（柱）竖龙骨。**以龙骨上的穿线孔为依据，确定龙骨上下两端的方向，使穿线孔对齐。竖龙骨的长度尺寸，按照实测为准。前提是保证竖龙骨能够在沿地、沿顶龙骨的槽口内滑动。

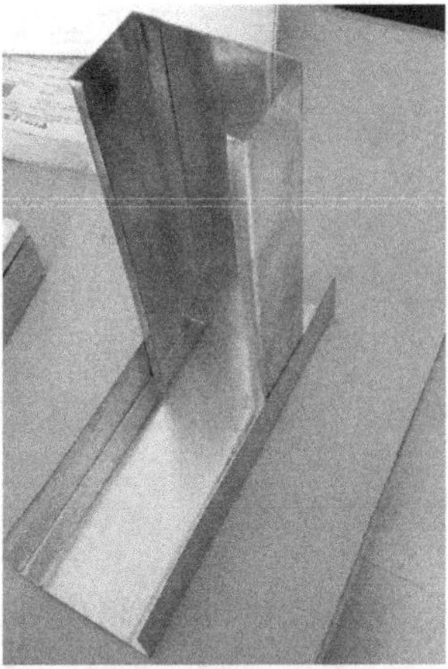
横、竖龙骨固定细节

安装竖龙骨

4.2.4 装设氯丁橡胶封条

施工要点

沿地、沿顶、沿墙骨架装设时，要求在龙骨背面粘贴两道氯丁橡胶片作为防水、隔声的密封措施。

4.2.5 装管线，填充保温层

施工要点

（1）**安装电路管线、接线盒和配电箱。**当隔墙墙体内需穿电线时，竖龙骨制品一般设有穿线孔，电线及其 PVC 管通过竖龙骨上的切口穿插。同时，装上配套的塑料接线盒以及用龙骨装置成配电箱等。

安装电路管线以及接线盒

（2）**绑扎保温材料。**墙体内要求填塞保温绝缘材料时，可在竖龙骨上用镀锌铁丝绑扎或用胶黏剂、钉件和垫片等固定保温材料。

地面弹线

4.2.6 安装通贯龙骨、横撑

施工要点

（1）当隔墙采用通贯系列龙骨时，竖龙骨安装后装设通贯龙骨，在水平方向从各条竖龙骨的贯通孔中穿过。

（2）在竖龙骨的开口面用支撑卡固定并锁闭此处的敞口。根据施工规范的规定，低于 3m 的隔墙安装一道通贯龙骨。3~5m 的隔墙应安装两道。

安装通贯龙骨

4.2.7 安装门窗节点处的骨架

施工要点

对于隔墙骨架的特别部位，可使用附加龙骨或扣盒子加强龙骨，应按照设计图纸来安装固定。装饰性木质门框，一般用自攻螺钉与洞口处竖龙骨固定。门框横梁与横龙骨以同样的方法连接。

安装门口节点处骨架

4.2.8 铺装纸面石膏板

施工要点

（1）先安装一个单面，待墙体内部管线及其他隐蔽设施和填塞材料铺装完毕后再封钉另一面的石膏板。罩面板材宜采用整板。板块一般竖向铺装，曲面隔墙可采用横向铺板。

（2）石膏板装钉应从板中央向板的四周顺序进行。中间部位自攻螺钉的钉距应不大于 300mm，板块周边自攻螺钉的钉距应不大于 200mm，螺钉距板边缘的距离应为 10~15mm。自攻螺钉钉头略埋入板面，但不得损坏板材和护面纸。

铺订石膏板

4.2.9 纸面石膏板嵌缝

施工要点

（1）清除缝内杂物，并嵌填腻子。待腻子初凝时（30~40min），再刮一层较稀的腻子，厚度 1mm，随即贴穿孔纸带，纸带贴好后放置一段时间，待水分蒸发后，在纸带上再刮一层腻子，将纸带压住，同时把接缝板找平。

嵌填腻子

（2）如勾明缝，安装时将胶黏剂及时刮净，保持明缝顺直清晰。

4.3 平面吊顶施工

使用工具

锯

气钉枪

电动气泵

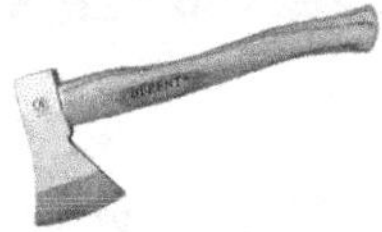

斧子

施工流程

❶ 定高度，弹基准线 —— ❷ 固定壁边木龙骨 —— ❸ 制作吊筋 —— ❹ 安装木龙骨 —— ❺ 安装石膏板

注意事项

了解图纸中吊顶的长、宽和下吊距离，然后结合现场实际情况，看照图施工是否具有困难，若发现不能施工处，应及时解决。

4.3.1 定高度，弹基准线

施工要点

（1）吊顶高度与灯具厚度、空调安装形式以及梁柱大小有关，在计算高度时应预留设备安装、维修空间。在无需隐藏设备的情况下，吊顶高度预留为 40mm。

（2）根据吊顶预留高度，围绕墙体一圈弹基准线。

弹基准线

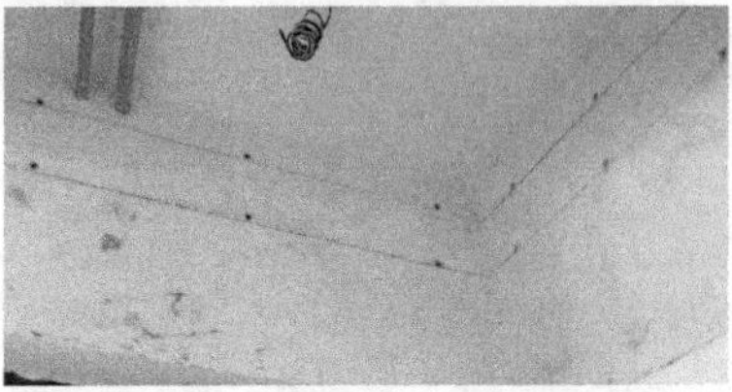

基准线上打孔

4.3.2 固定壁边木龙骨

施工要点

（1）使用电锤在基准线上打孔，每隔 400mm 钻一个孔。在孔槽中插入木塞。

（2）围绕基准线一周安装木龙骨，使用水泥钉或钢钉将木龙骨固定在木塞上。每个木塞中要固定两个水泥钉。

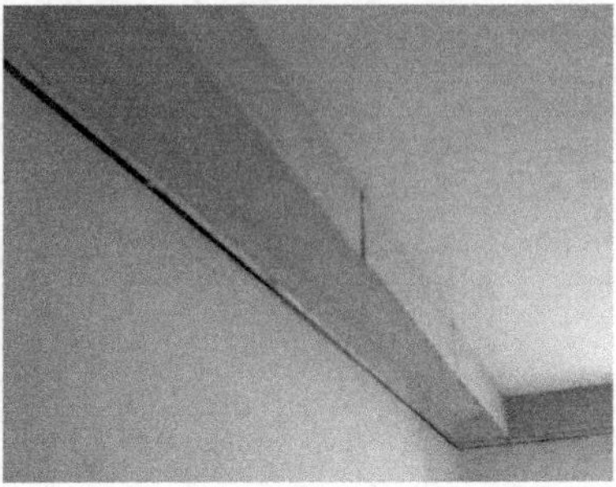

固定壁边木龙骨

4.3.3 制作吊筋

施工要点

（1）根据平面吊顶的下吊距离制作“T”形吊筋，使吊筋的高度为40mm。木龙骨“T”形连接处采用气钉枪斜向45° 固定。

（2）将木吊筋固定在吊顶中，每隔600mm 固定一个，在安装吊灯的位置增加细木工板固定。

吊灯位置加固

4.3.4 安装木龙骨

施工要点

将横向木龙骨固定在壁边木龙骨和木吊筋上，要求安装距离保持一致。然后安装纵向木龙骨，直接固定在横向木龙骨上，保持同样的间距。

安装木龙骨

4.3.5 安装石膏板

施工要点

从吊顶的阴角处开始安装，将石膏板顶在两侧的墙体中，使用螺栓或气钉枪将石膏板固定在木龙骨骨架上。依次排列安装石膏板。

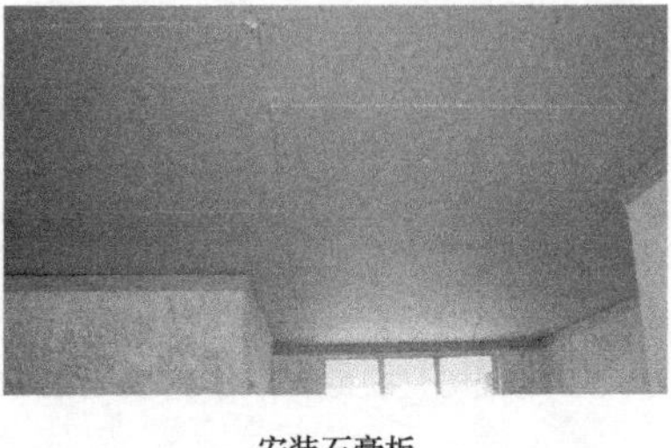

安装石膏板

4.4 回字形吊顶施工

使用工具

手持式切割机

木工锯台

角尺

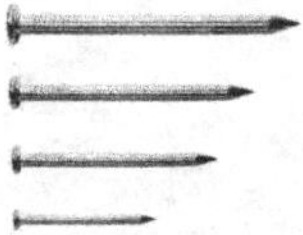

钢钉

施工流程

❶ 弹基准线 —— ❷ 固定吊顶、壁边木龙骨 —— ❸ 安装木龙骨 —— ❹ 安装石膏板

注意事项

将造型和主体的木吊顶安装完毕后，需要进行边角的修补。吊顶的弧形转角，可用 3mm 的胶合板填补；弧形的外转角需要用手用锯切开裂缝，以防木板热胀冷缩，发生翘起。

4.4.1 弹基准线

施工要点

（1）距离顶面 40mm 的墙壁边上弹基准线，基准线需围绕墙壁一圈。

（2）在吊顶中，距离墙壁 450mm 处弹基准线，基准线需围绕吊顶一圈。

吊顶、墙壁边上弹基准线

4.4.2 固定吊顶、壁边木龙骨

施工要点

（1）在吊顶、壁边的基准线中钻眼，里面插入木塞。

（2）将木龙骨依次固定在吊顶、壁边的木塞上，使用气钉枪固定。

4.4.3 安装木龙骨

施工要点

将木龙骨依次固定在吊顶、壁边木龙骨上。最下面的木龙骨安装宽度为 600mm，超出吊顶木龙骨 150mm。

安装木龙骨

预留暗藏灯带灯槽

4.4.4 安装石膏板

施工要点

先安装灯槽内的石膏板，将石膏板裁切成合适的尺寸，用气钉枪固定。然后安装底层石膏板，从阴角处开始安装，避免阴角处石膏板出现45° 接缝。依次将所有石膏板安装固定。

安装石膏板

4.5 弧形吊顶施工

使用工具

曲线锯

气钉枪

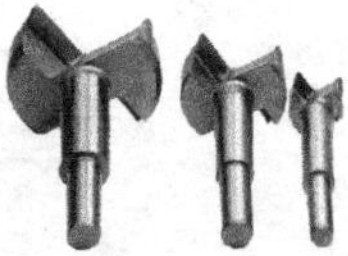

开孔器

施工流程

❶弹基准线—❷制作弧形曲面框架—❸固定弧形曲面框架—❹制作弧形曲面石膏板—❺安装弧形曲面石膏板

注意事项

弧形顶面造型应先在地面放样，确定无误后方能上顶，保证线条流畅。

4.5.1 制作弧形曲面框架

施工要点

（1）放弧形顶节点大样，使用细木工板按照大样做弧形框架。弧形吊顶曲线形状分平面曲线和立体曲线。

弧形曲线框架

（2）做平面曲线时可直接将副龙骨做出曲线形状，其上布置相应的主龙骨和吊筋。

（3）做立面曲线时，用细木工板切割做出设计的曲线，用相应的龙骨加以固定，外面用可弯曲的夹板面层包覆。

拱形曲面框架

4.5.2 固定弧形曲面框架

施工要点

安装结构层木龙骨，用气钉枪固定好之后，安装弧形曲面框架。根据设计图纸，将弧形曲面龙骨安装到位，并检查牢固度。

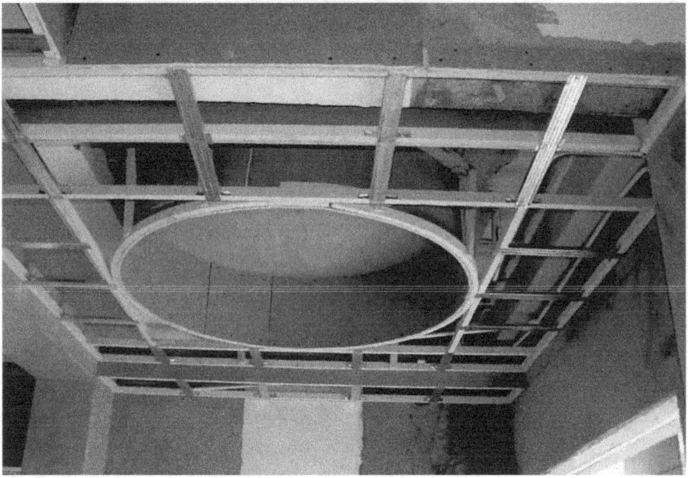

吊顶、墙壁边上弹基准线

4.5.3 制作弧形曲面石膏板

施工要点

（1）制作弧形曲面石膏板，在弧度较小的情况下，可直接将石膏板弯成相应的弧度。

（2）在弧度较大的情况下，采用少量喷水或擦水的方式弯成相应的弧度。

（3）若弧度非常大，需采用木龙加密、用石膏板条拼接的工艺弯成相应的弧度后再安装弧形曲面石膏板。

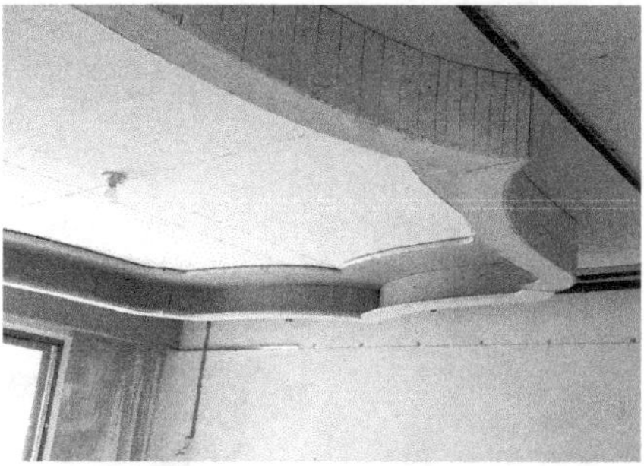

弧形曲面石膏板拼接工艺

4.5.4 安装弧形曲面石膏板

施工要点

将弧形曲面石膏板安装在木龙骨框架中，用气钉枪固定。再依次将平面石膏板固定在吊顶中。

安装弧形曲面石膏板

4.6 井格式吊顶施工

使用工具

电锤

气钉枪

电锯

施工流程

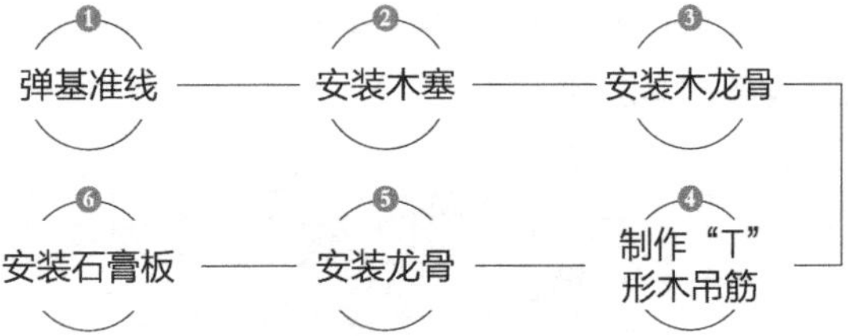

注意事项

在安装石膏板时，接缝可以采用“V”形缝，留 2~4mm 缝隙，用填缝粉填平，然后贴牛皮纸，这样后期可以避免出现开裂。

4.6.1 弹基准线

施工要点

根据设计图纸中标记的尺寸，在顶面中依次弹出基准线。基准线要求横平竖直，相邻的基准线之间保持平行。基准线施工质量的高低，直接影响着井格式吊顶的成型样式。

4.6.2 安装木塞

施工要点

使用电锤在基准线中钻眼，并向里面插入木塞。

4.6.3 安装木龙骨

施工要点

根据基准线和木塞位置，依次安装吊顶、壁边龙骨。

4.6.4 制作“T”形木吊筋

施工要点

计算井格式吊顶的格数，然后制作相应数量的“T”形木吊筋，将其固定在吊顶中的木龙骨上。

4.6.5 安装龙骨

施工要点

（1）将横向龙骨安装在吊筋上，使用气钉枪固定。将纵向木龙骨固定在横向龙骨上，预留出井格的位置。

（2）若井格式吊顶设计有暗藏灯带，则龙骨框架需要增加 200mm 的宽度。

井格式木龙

轻钢龙骨井格式吊顶

4.6.6 安装石膏板

施工要点

（1）先安装纵向石膏板，将石膏板裁切成相应的尺寸，使用气钉枪固定在吊顶中。

（2）再安装横向石膏板，注意接缝处应严密，缝隙宽度不可超过 2mm。

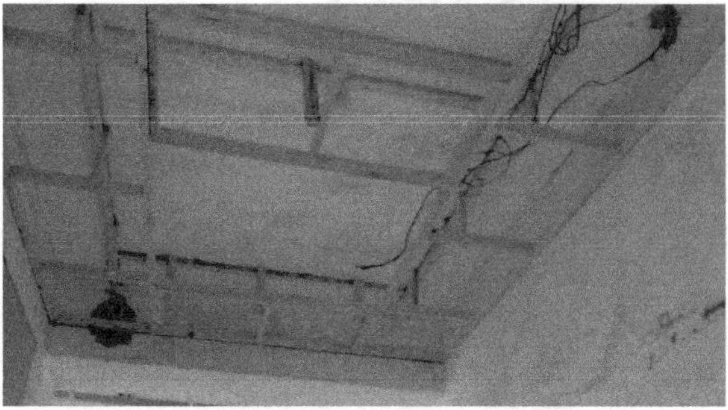

暗藏灯带木龙骨安装

安装石膏板

4.7 镜面吊顶施工

使用工具

切割机

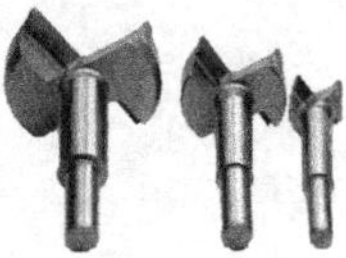

开孔器

气钉枪

广告钉

施工流程

❶ 切割镜子 — ❷ 开孔 — ❷ 安装木龙骨 — ❸ 安装石膏板 — ❹ 安装镜子

注意事项

注意边角上卡住镜面的地方，要能承受足够的力度，另外就是选择好的胶黏剂，保证可以长时间地承受重力。

4.7.1 切割镜子

施工要点

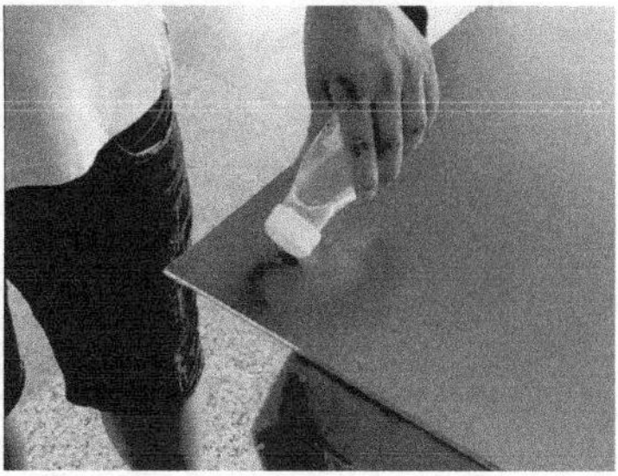

根据设计图纸，将镜子切割成标准的大小。安装在吊顶中的镜子尺寸不可超过800mm×800mm，否则容易发生脱落。

4.7.2 开孔

施工要点

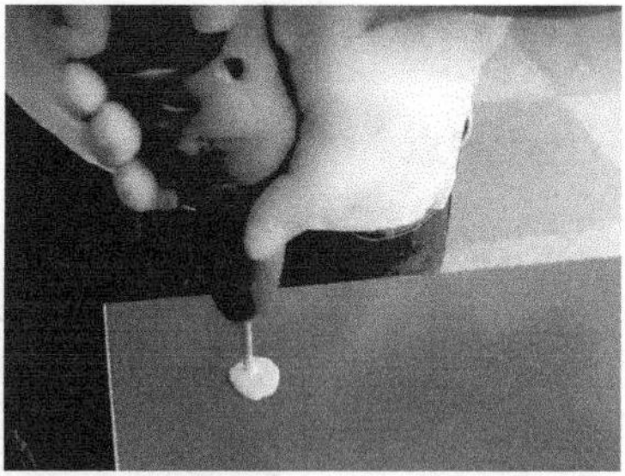

在镜面上洒少量的水，用开孔器开孔，开好孔后，将镜子倾斜摆放在墙脚。

4.7.3 安装木龙骨

施工要点

根据吊顶造型安装木龙骨框架，在安装有镜子的部分，增加9mm夹板。将9mm夹板用气钉枪固定在木龙骨上。

安装木龙骨

4.7.4 安装石膏板

施工要点

在吊顶中安装石膏板。石膏板与镜子连接处的缝隙，不可超过3mm。

4.7.5 安装镜子

施工要点

（1）面积较小的镜子可直接用玻璃胶粘贴固定在 9mm 夹板上。注意必须选择中性玻璃胶，酸性玻璃胶会使玻璃变色，影响效果。

（2）面积较大的镜子需要使用广告钉固定，在镜子的四角分别固定广告钉，然后配合玻璃胶密封。

镜子安装完成的效果

4.8 电视墙木作造型施工

使用工具

墨斗

冲击钻

锯

施工流程

① 清理基层 — ② 弹线 — ③ 木骨架制作安装 — ④ 安装表面板材 — ⑤ 清洁

注意事项

所有木方和木夹板都应进行防潮、防火、防虫处理，将木夹板用白乳胶和加钉钉装于框架上时，必须牢固无松动，基架必须带线，吊线调平，做到横平竖直。

4.8.1 清理基层

施工要点

清理墙面基层，将较大的颗粒清理掉，铺上油毡、油纸，做防潮处理。

4.8.2 弹线

施工要点

在墙面干燥的情况下，根据设计图纸在墙面中弹线，规划出木作的具体造型。

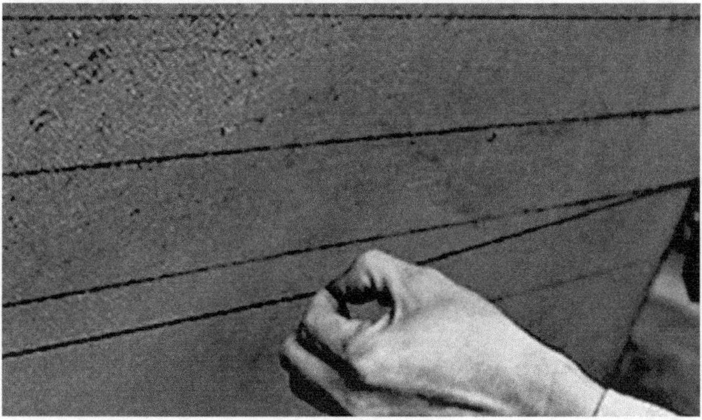

4.8.3 木骨架制作安装

施工要点

（1）根据图纸设计尺寸、造型，裁切木夹板和木方，将木方制作成框架，用钉子钉好。

（2）将框架钉在墙面的预埋木砖上，没有预埋木砖则钻孔打入木楔或塑料胀管，将框架安装牢固。

木骨架安装固定

将框架安装牢固

4.8.4 安装表面板材

施工要点

（1）根据设计选择饰面板，将饰面板按照尺寸裁切好，在基架面和饰面板背面涂刷胶黏剂，必须涂刷均匀，静置数分钟后粘贴牢固，不得有离胶现象。

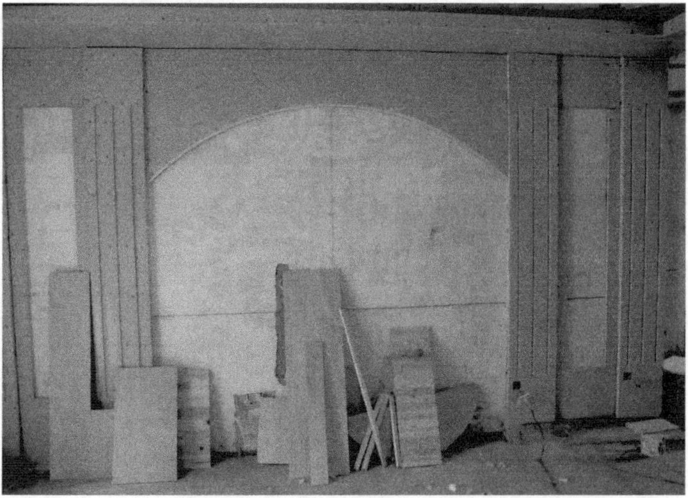

安装表面板材

（2）没有木线掩盖的转角处，必须采用 45° 拼角，对于木饰面要求拼纹路的，按照图纸拼接好。

（3）如果是空缝或密缝，空缝的缝宽应一致且顺直；密缝的拼缝应紧密、接缝顺直。

4.9 沙发墙木线条造型施工

使用工具

切割机

墨斗

锯

卷尺

施工流程

① 制定木作造型 — ② 弹线 — ③ 切割板材 — ④ 细木工板安装上墙 — ⑤ 安装木装饰线条

注意事项

使用切割机切割板材，板材尽量纵向切割，不采用横向切割，以节省材料。

4.9.1 制定木作造型

施工要点

（1）在沙发墙设计突出造型的情况下，需要先确定沙发的尺寸，以免和沙发产生冲突，浪费不必要的空间面积。

（2）沙发墙木作造型通常设计为紧贴墙面的形式，通过木作和壁纸、乳胶漆的结合搭配营造设计效果。

4.9.2 弹线

施工要点

根据木作造型样式，使用卷尺在墙面中标记出分割点，然后根据分割点弹线，将木作造型的轮廓构造出来。

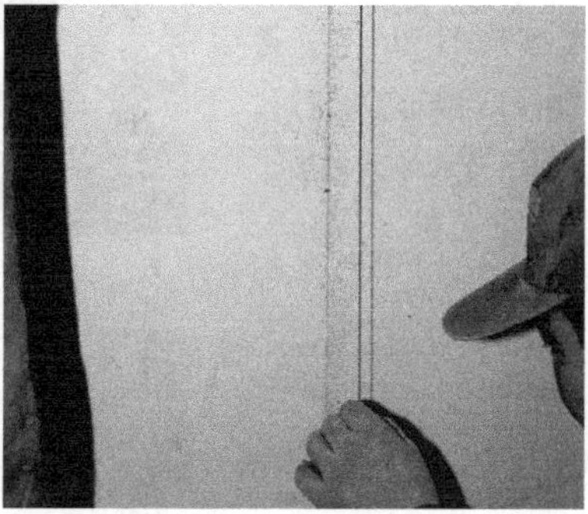

弹线

4.9.3 切割板材

施工要点

（1）使用切割机切割板材，板材尽量纵向切割，不采用横向切割，以节省材料。

（2）木装饰线条的阴角衔接处采用 45° 切割工艺，其余部分采用直线切割。

4.9.4 细木工板安装上墙

施工要点

（1）将细木工板背面刷清油或桐油，放置晾干备用。

（2）墙体植木钉，再用 18mm 细木工板开 10cm 条，将 18mm 细木工板钉入墙面，固定于木钉中。

（3）调节板条的平整度，然后将上了清油或桐油的细木工板用气钉枪固定于已调节平整的板条上。

墙体植木钉

细木工板墙面固定

4.9.5 安装木装饰线条

施工要点

木装饰线条背面涂刷胶水，粘贴在墙面细木工板上。待固定好之后，使用气钉枪在头尾两段固定。注意隐藏钉眼。

粘贴木装饰线条

4.10 床头墙木作造型施工

使用工具

切割机

气钉枪

施工流程

①确定床具尺寸 —— ②制作背景墙衬板 —— ③制作、安装木作造型 —— ④安装包边线条

注意事项

测量床具尺寸，应当以床头的宽度为标准。如 1800mm 的床具，床头宽度为 2000mm，则床头木作造型墙的尺寸应当定为 2000mm。确定造型墙尺寸后，再设计木作造型的样式。

4.10.1 制作背景墙衬板

施工要点

背景墙衬板通常采用细木工板制作，因为细木工板不易变形。可将细木工板整张地固定在墙面中，切割掉多余的边角材料。

床头墙衬板

4.10.2 制作、安装木作造型

施工要点

根据设计图纸制作木作造型，将细木工板或其他板材切割成图纸样式，然后依次安装在背景墙衬板上，用气钉枪固定。

4.10.3 安装包边线条

施工要点

包边线条可以采用木线条或者石膏线条。安装木线条时可以直接采用气钉枪固定，安装石膏线条时可以采用发泡胶固定。但无论采用哪种固定方式，一定要保证包边线条的牢固度。

4.11 软、硬包施工

使用工具

靠尺

削刀

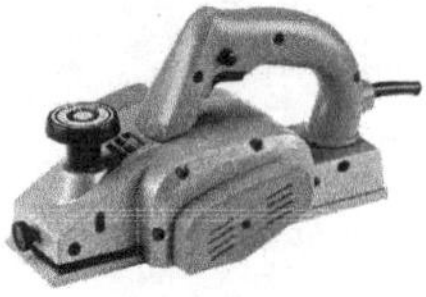

电刨

气钉枪

施工流程

❶ 基层处理 —— ❷ 安装木龙骨 —— ❸ 安装三合板 —— ❹ 安装软包、硬包面层

注意事项

用靠尺检查龙骨面的垂直度和平整度，偏差应不大于 3mm。

4.11.1 基层处理

施工要点

墙面基层应涂刷清油或防腐涂料，严禁用沥青油毡做防潮层。

4.11.2 安装木龙骨

施工要点

（1）木龙骨竖向间距为 400mm，横向间距为 300mm；门框竖向正面设双排龙骨孔，距墙边为 100mm，孔直径为 14mm，深度不小于 40mm，间距在 250~300mm 之间。

（2）木楔应做防腐处理且不削尖，直径应略大于孔径，钉入后端部与墙面齐平。

安装竖龙骨

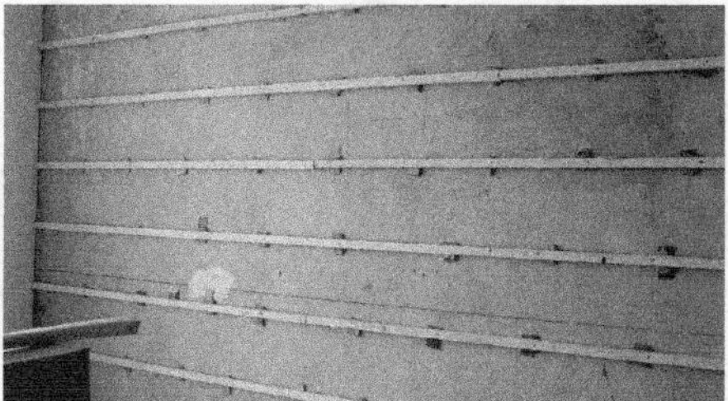

安装横龙骨

4.11.3 安装三合板

施工要点

（1）在铺钉前，应在三合板背面涂刷防火涂料。木龙骨与三合板接触的一面应抛光，使其平整。

（2）用气钉枪将三合板钉在木龙骨上，三合板的接缝应设置在木龙骨上，钉头应埋入板内，使其牢固平整。

安装三合板

4.11.4 安装软包、硬包面层

施工要点

（1）在木基层上画出软包的外框及造型尺寸，并按此尺寸切割三合板，按线拼装到木基层上。

（2）按框格尺寸，裁切出泡沫塑料块，用胶黏剂将泡沫塑料块粘贴于框格内。

（3）将裁切好的织锦缎连同保护层覆盖在泡沫塑料块上，用压角木线压住织锦缎的上边缘，在展平织锦缎后用气钉枪钉牢木线，然后绷紧展平的织锦缎钉其下边缘的木线。

（4）最后，用锋刀沿木线的外缘裁切下多余的织锦缎与塑料薄膜。

安装软包面层

安装完成的效果

4.12 衣柜制作

使用工具

卷尺

记号笔

手电钻

小电锯

施工流程

1. 测量
2. 制作及安装侧面立板
3. 制作及安装衣柜顶板和底板
4. 制作及安装中间立板
5. 制作及安装横挡板
6. 定制及安装柜门

注意事项

制作前可将板材用塑料纸包裹密封平放，用重物压实。制作过程中要注意每天收工后将裁好的板材堆放平整，加裹塑料薄膜，防止变形。

4.12.1 测量

施工要点

测量室内安放衣柜位置的尺寸，包括长度、宽度和高度（最低点高度很重要），确定衣柜外观尺寸。

4.12.2 制作及安装侧面立板

施工要点

（1）衣柜侧面立板的高度为 2000mm，宽度为 550mm。根据尺寸切割板材。

（2）边框采用卯榫结构安装，单个榫头长度为 40mm。中间挡板和边框采用门板刀加工，加工深度为 10mm。

4.12.3 制作及安装衣柜顶板和底板

施工要点

（1）顶板和底板的尺寸一致，长度 1600mm× 宽度 550mm× 厚度 20mm。宽度需要根据制作完成的衣柜侧面立板实际尺寸做出调整。

（2）以制作完成的衣柜立板为参考，将横板与立板叠放，顶部以 20mm 厚度木板为标准，预留出顶板位置，并画线确定打孔位置。底板的方法与此相同。

（3）孔打好之后，使用金属连接件安装。

4.12.4 制作及安装中间立板

施工要点

（1）以制作完成的衣柜侧面立板为参考，计算出中间立板的尺寸。

（2）以制作完成的衣柜顶板和底板为参考，将立板与顶板、底板叠放，确定宽度后画线，打孔定位。

（3）使用金属连接件安装。需要注意，衣柜侧面立板、顶板和底板、中间立板要预留背板槽。

安装中间立板

4.12.5 制作及安装横挡板

施工要点

（1）根据安装好的衣柜侧面立板、顶板和底板、中间立板来计算横挡板的尺寸，并裁切好准备安装。

（2）将衣柜侧面立板和中间立板叠放，顶部预留 20mm，然后根据衣柜功能设置，确定横挡板打孔位置。

（3）使用金属连接件安装。

安装横挡板及抽屉

4.12.6 定制及安装柜门

施工要点

（1）根据安装好的衣柜侧面立板、顶板和底板、中间立板来计算柜门的尺寸，将尺寸提供给柜门厂商定制。

（2）若柜门为推拉门，则先安装上下滑轨，然后直接将定制好的柜门嵌入其中，衣柜安装完成。

衣柜制作完成

4.13 鞋柜制作

使用工具

卷尺

记号笔

手电钻

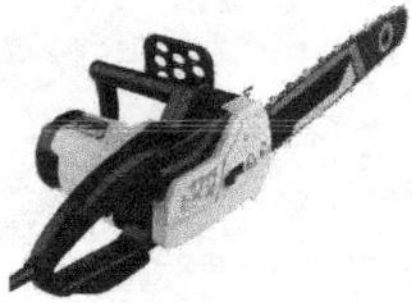

小电锯

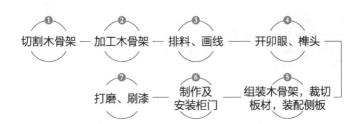

刨子

施工流程

❶ 切割木骨架 — ❷ 加工木骨架 — ❸ 排料、画线 — ❹ 开卯眼、榫头 — ❺ 组装木骨架，裁切板材，装配侧板 — ❻ 制作及安装柜门 — ❼ 打磨、刷漆

4.13.1 切割木骨架

施工要点

（1）使用小电锯切割木骨架，切割时注意木骨架与锯片保持垂直。

（2）用G夹固定一块木头来确定切割木骨架的长度，这样可以免去每次用卷尺来量的麻烦，并且这样切割木骨架可以保证一批料的长度一致，降低误差。

采用G夹固定

切割完成

4.13.2 加工木骨架

施工要点

（1）使用刨子对木骨架进行粗刨，要求四个面之间尽量垂直和接近的尺寸。

（2）对粗刨完成后的木骨架进行精刨，要求四面都要与相邻面垂直，尺寸接近安装要求的尺寸。

刨子加工木骨架

加工完成品

4.13.3 排料、画线

施工要点

开始排料，并在木骨架上画横纵线，用于接下来的开榫眼。

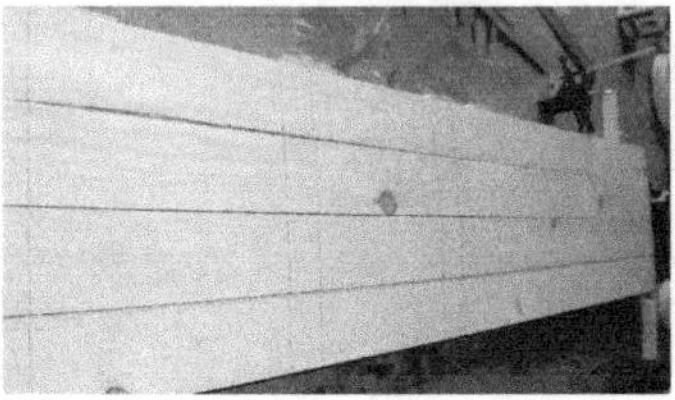

卯眼画线

榫头画线

4.13.4 开卯眼、榫头

施工要点

（1）调整限位滑块，省去每次都要看刻度的麻烦，而且这样可以保证卯眼、榫头长度的一致性。

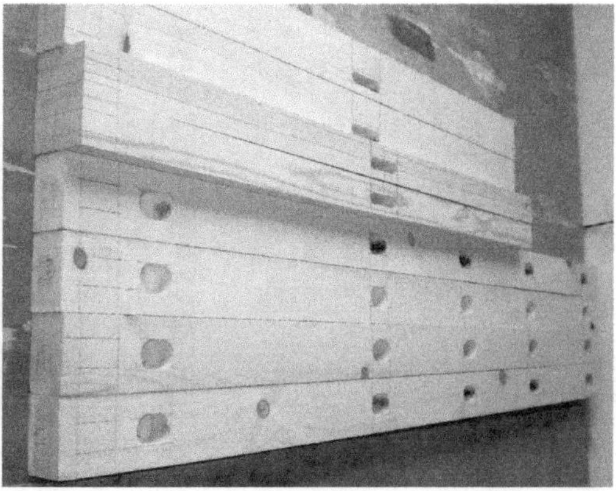

开卯眼

（2）调整靠尺和刀具之间的距离，确保卯眼、榫头的中心在准确的地方。

开榫头

（3）调整刀具高度，每次施工刀具的深度不要超过5mm，开榫眼的过程要缓慢，不可着急。

4.13.5 组装木骨架，裁切板材，装配侧板

施工要点

（1）根据鞋柜设计图纸组装木骨架，然后测量木骨架之间的间距，用于裁切板材。

（2）先裁切侧板，然后将侧板插入木骨架之间固定。整个安装过程要注意检查垂直度和平整度。

安装侧板

框架组装完成

4.13.6 制作及安装柜门

施工要点

（1）根据设计图纸和实际测量尺寸，计算柜门的尺寸，然后切割、加工柜门骨架及板材。

（2）柜门制作好之后，用清底刀在合页安装面上铣一个台阶，以便安装合页，然后将柜门安装在柜体中。

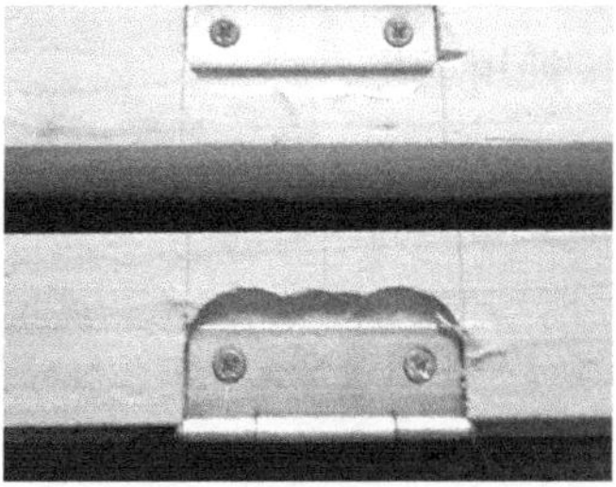

安装合页

4.13.7 打磨、刷漆

施工要点

对柜体表面进行打磨，然后刷底漆，待完全风干之后，再进行一遍打磨和刷漆。

鞋柜内部效果

鞋柜安装完成

4.14 木地板铺装（悬浮铺贴）

使用工具

羊角锤

水平尺

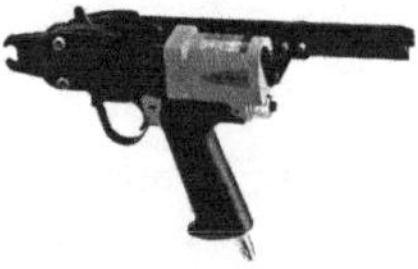

气钉枪

曲线电锯

施工流程

① 铺设地垫 —— ② 铺装地板

注意事项

铺设地板时，要先检查地板，将色差较为明显的地板替换掉，然后开始正式铺设地板。

4.14.1 铺设地垫

施工要点

铺设时，地垫间不能重叠，接口处用 6 0mm 的宽胶带密封、压实，地垫需要铺设平直，墙边上引 30~50mm，低于踢脚线高度。

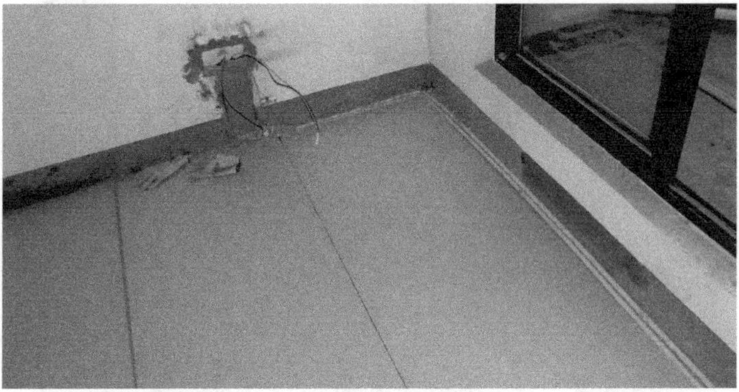

铺设地垫

4.14.2 铺装地板

施工要点

（1）检查实木地板色差，按深、浅颜色分开，尽量规避色差，先预铺分选。

（2）从左向右铺装地板，母槽靠墙，加入专用垫块。预留 8~12mm 的伸缩缝进行正式铺装地板。

铺装地板

4.15 木地板铺装（直接铺贴）

使用工具

羊角锤

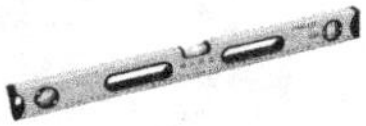
水平尺

气钉枪

曲线电锯

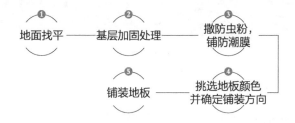

施工流程

1. 地面找平
2. 基层加固处理
3. 撒防虫粉，铺防潮膜
4. 挑选地板颜色并确定铺装方向
5. 铺装地板

注意事项

地面的水平误差不能超过 2mm，超过则需要找平。如果地面不平整，不但会导致踢脚线有缝隙，整体地板也会不平整，并且有异响，还严重影响地板质量。

4.15.1 基层加固处理

施工要点

对问题地面进行修复，形成新的基层，避免因为原有基层空鼓和龟裂而引起地板起拱。

基层加固处理

4.15.2 撒防虫粉，铺防潮膜

施工要点

（1）防虫粉主要起到防止地板孳生蛀虫的效果。防虫粉不需要满撒地面，可呈“U”形铺撒，间距保持在 400~500mm 即可。

（2）防潮膜主要起到防止地板发霉变形等作用。防潮膜要满铺地面，甚至在重要的部分，可铺设两层防潮膜。

撒防虫粉

铺防潮膜

4.15.3 挑选地板颜色并确定铺装方向

施工要点

在铺装前，需将地板按照颜色和纹理尽量相同的原则摆放，在此过程中还可以检查地板是否有大小头或者端头开裂等问题。

4.15.4 铺装地板

施工要点

从边角处开始铺装，先顺着地板的竖向铺设，再并列横向铺设。铺设地板时不能太过用力，否则拼接处会凸起来。在固定地板时，要注意地板是否有端头裂缝、相邻地板高差过大或者拼板缝隙过大等问题。

撒防虫粉

5 第五章 油漆工现场施工

在木工结束施工后，油漆工进场施工，准备涂刷墙顶面乳胶漆。在正式开始施工之前，油漆工需要对墙面找平，用石膏修补凹凸不平的墙面，用腻子处理墙面，然后再准备涂刷乳胶漆。在涂刷顶面乳胶漆之前，需要用绷带将石膏板接缝密封起来。

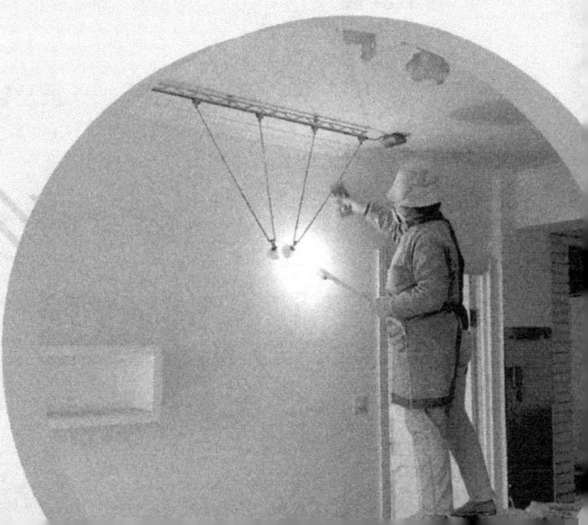

5.1 石膏找平

使用工具

搅拌机

刮刀

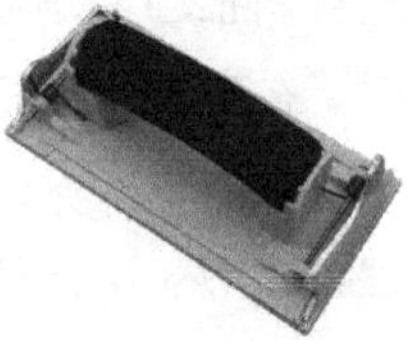

砂纸夹板

滚筒

施工流程

❶ 基层粉刷石膏 —— ❷ 面层粉刷石膏

注意事项

在石膏找平施工的过程中，要求满刮石膏粉，并对阴阳角进行修理，保证边角的平直。

5.1.1 基层粉刷石膏

施工要点

（1）根据平整度控制线，选择局部或者满刮基层，粉刷石膏。

（2）粉刷石膏前，应按照说明书上的要求，将墙面固化胶、水、粉刷石膏按照一定的比例搅拌均匀，并在规定的时间范围内使用完毕。如果满刮厚度超过 10mm，则需要再满贴一遍玻璃纤维网格布后，再继续满刮基层粉刷石膏。

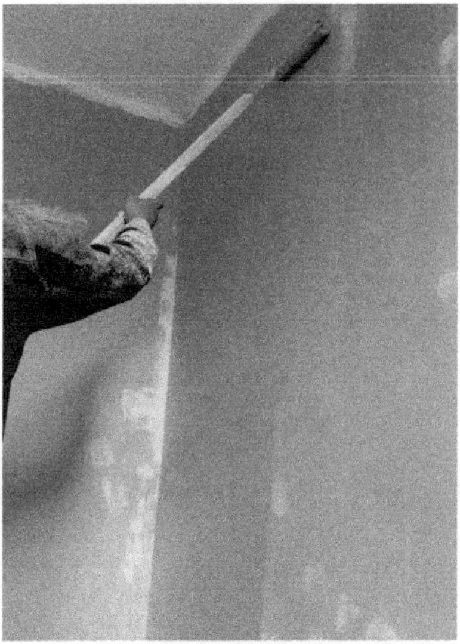

基层粉刷石膏找平

5.1.2 面层粉刷石膏

施工要点

基层粉刷石膏干燥后，将面层粉刷石膏按照产品说明要求搅拌均匀，满刮在墙面上，将粗糙的表面填满补平。

面层粉刷石膏找补

5.2 批刮腻子

使用工具

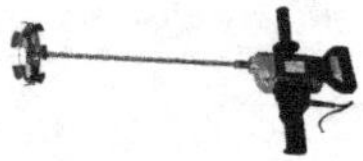

搅拌机

刮刀

砂纸夹板

滚筒

施工流程

❶ 第一遍刮腻子 — ❷ 阴阳角修整 — ❸ 墙面打磨 — ❹ 第二遍刮腻子 — ❺ 晾干腻子

注意事项

晾干腻子一般需要 3~5 天，这期间之内，室内最好不要进行其他方面的施工，以防对墙面造成磕碰。在晾干的过程中，禁止开窗。

5.2.1 第一遍刮腻子

施工要点

第一遍腻子厚度控制在4~5mm，主要用于找平，平行于墙边方向依次进行施工。要求不能留槎，收头必须收的干净利落。

第一遍刮腻子

5.2.2 阴阳角修整

施工要点

刮腻子时，要求阴阳角清晰顺直。阳角用铝合金杆反复挤压成形；阴角采用专用工具操作，使其清晰顺直。

阴阳角要求平直

5.2.3 墙面打磨

施工要点

（1）尽量用较细的砂纸，一般质地较松软的腻子（如 821）用 400~500 号砂纸，质地较硬的（如墙衬、易刮平）用 360~400 号砂纸为佳。

（2）打磨完毕一定要彻底清扫一遍墙面，以免粉尘太多，影响漆的附着力。凹凸差不超过 3mm。

腻子打磨施工

5.2.4 第二遍刮腻子

施工要点

第二遍腻子厚度控制在 3~4mm 且必须等底层腻子完全干燥并打磨平整后进行施工，平行于房间短边方向用大板进行满批；同时待腻子6~7 成干时，必须用橡胶刮板进行压光修面，来保证面层平整光洁、颜色均匀一致。

第二遍刮腻子

5.3 乳胶漆排刷施工

使用工具

手提电动搅拌枪

刮刀

阴阳角器

滚筒

涂料喷涂机

施工流程

❶ 第一遍排刷施工 —— ❷ 第二遍排刷施工 —— ❸ 第三遍排刷施工

注意事项

由于乳胶漆干燥较快，每个刷涂面都应尽量一次完成，否则易产生接痕。

5.3.1 第一遍排刷施工

施工要点

（1）乳胶漆在使用前应用手提电动搅拌枪充分搅拌均匀。如稠度较大，可适当加清水稀释，但每次加水量应一致，不能稀稠不一。

（2）将乳胶漆倒入面积较大的容器内，用排刷均匀蘸满涂料开始涂刷。

5.3.2 第二遍排刷施工

施工要点

从阴角处开始排刷，逐渐向外延伸，排刷遵循从上到下的顺序。

5.3.3 第三遍排刷施工

施工要点

等乳胶漆干透后，开始最后一遍排刷，并对之前处理不到位的地方重点排刷。一些细小、不宜接触到的地方，可采用毛刷找补。

顶梁排刷施工

5.4 乳胶漆滚涂施工

使用工具

手提电动搅拌枪

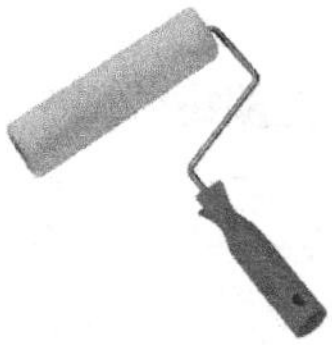

滚筒

施工流程

①第一遍滚涂施工——②第二遍滚涂施工——③第三遍滚涂施工

注意事项

滚涂刷漆法污染小，涂装效率高，一次滚涂即达厚度要求。但受滚筒外形限制，只能用在平板件和带状工件上。

5.4.1 第一遍滚涂施工

施工要点

（1）将乳胶漆倒入托盘，用滚刷蘸乳胶漆涂刷第一遍。应先横向涂刷，再纵向滚压，将乳胶漆赶开，涂平。

（2）滚涂顺序一般是从上到下，从左到右，先远后近，先边角、棱角和小面，然后大面。要求厚薄均匀，防止涂料过多流坠。

从上到下滚涂

5.4.2 第二遍滚涂施工

施工要点

滚涂施工之前，充分搅拌，如不很稠，不宜加水，以防透底。漆膜干燥后，用细砂纸将墙面上的小疙瘩和排笔毛打磨掉，磨光滑后清扫干净。

5.4.3 第三遍滚涂施工

施工要点

由于乳胶漆膜干燥较快，应连续迅速操作，滚涂时从一端开始，逐渐刷向另一端，要上下顺刷互相衔接，后一排紧接前一排，避免出现干燥后接头。

5.5　乳胶漆喷涂施工

使用工具

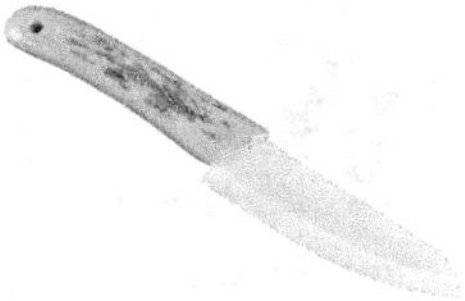
刀具

细砂纸

喷枪

施工流程

注意事项

喷涂施工遵循先难后易，先里后外，先高后低，先小面积后大面积的原则，这样的喷涂方法更容易让墙面形成较好的涂膜。

5.5.1 喷涂前进行清洁处理

施工要点

（1）喷涂之前进行彻底的清洁。保障墙体接缝处干净，没有杂物，可以选择用刀具或细砂纸打磨。

（2）沙粒、木屑和包装用的泡沫塑料颗粒等一定要清理干净，天棚角和开关暗盒等死角均不可忽视。

5.5.2 进行两遍喷涂施工

施工要点

喷涂乳胶漆时，施工人员应该做好防护准备，严格按照施工标准和施工流程进行喷涂，确保喷涂过程无中断。

墙面喷涂施工

5.5.3 第三遍喷涂施工

施工要点

第三遍喷涂施工结束之后，应当注意保护墙顶面，防止刮划新涂刷的乳胶漆。

5.6 清漆涂刷施工

使用工具

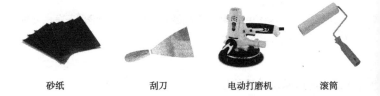

砂纸

刮刀

电动打磨机

滚筒

施工流程

1. 基层处理
2. 润色油粉
3. 刷油色
4. 刷第一遍清漆
5. 拼色与修色
6. 刷第二遍清漆

注意事项

一般情况下，清漆现场施工温度不得低于 8℃且不能高于 35℃（最佳温度为 25℃）。相对湿度最高不能超过 85%，最好能够低于 70%。

5.6.1 基层处理

施工要点

（1）先将木材表面上的灰尘、胶迹等用刮刀刮干净，注意不要刮出毛刺且不得刮破。然后用 1 号以上的砂纸顺木纹打磨，先磨线角、后磨平面，直到光滑为止。

（2）当基层有小块翘皮时，可用小刀将多余的翘皮划掉；如有较大的疤痕则应由木工修补；节疤、松脂等部位应用虫胶漆封闭，钉眼处用油性腻子嵌补。

基层处理

5.6.2 润色油粉

施工要点

（1）用棉丝蘸油粉反复涂于木材表面。擦进木材的棕眼内，然后用棉丝擦净，应注意墙面及五金件上不得沾染油粉。

（2）油粉干后，用 1 号砂纸顺木纹轻轻打磨，先磨线角后磨平面，直到光滑为止。

5.6.3 刷油色

施工要点

先将铅油、汽油、光油、清油等混合在一起过筛，然后倒在小油桶内，使用时要经常搅拌，以免沉淀造成颜色不一致。刷油的顺序应从外向内、从左到右、从上到下且顺着木纹进行。

刷油色

5.6.4 刷第一遍清漆

施工要点

（1）其刷法与刷油色相同，但刷第一遍清漆应略加一些稀料剂以便快干。因清漆的黏性较大，最好使用旧棕刷，刷时要少蘸油，以保证不流、不坠、涂刷均匀。

（2）待清漆完全干透后，用 1 号砂纸彻底打磨一遍，将头遍漆面上的光亮基本打磨掉，再用潮湿的布将粉尘擦掉。

刷清漆

5.6.5 拼色与修色

施工要点

（1）木材表面上的黑斑、节疤、腻子疤等应用漆片或用清漆、调和漆及稀释剂调配进行修色。

（2）木材颜色深的应修浅，浅的应加深，将深色和浅色木面拼成一色，并绘出木纹。最后用细砂纸轻轻往返打磨一遍，然后用潮湿的布将粉尘擦掉。

拼色与修色

5.6.6 刷第二遍清漆

施工要点

清漆中不加稀释剂，操作同第一遍，但刷油动作要敏捷，使清漆涂刷得饱满一致、不流不坠、光亮均匀。

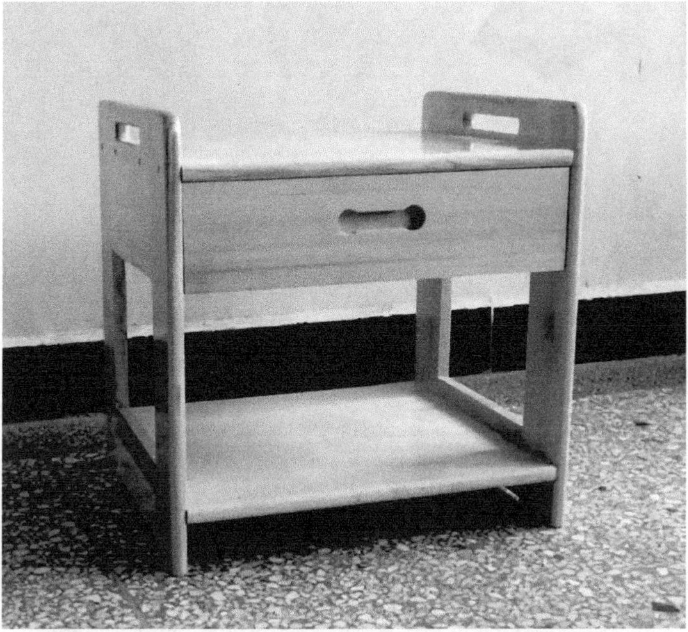

完成效果

5.7 彩色漆涂刷施工

使用工具

砂纸

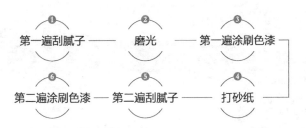

刮刀

羊毛刷

施工流程

1. 第一遍刮腻子
2. 磨光
3. 第一遍涂刷色漆
4. 打砂纸
5. 第二遍刮腻子
6. 第二遍涂刷色漆

注意事项

刮时要横抹竖起，将腻子刮入钉孔或裂纹内。若接缝或裂缝较宽、孔洞较大，可用开刀或铲刀将腻子挤入缝洞内，使腻子嵌入后刮平收净，表面上腻子要刮光，无松散腻子及残渣。

5.7.1 第一遍刮腻子

施工要点

待涂刷的清油干透后将钉孔、裂缝、节疤以及残缺处用石膏油腻子刮抹平整。腻子要以不软不硬、不出蜂窝、挑丝不倒为准。

5.7.2 磨光

施工要点

待腻子干透后，用 1 号砂纸打磨，打磨方法与底层打磨相同，但注意不要磨穿漆膜并保护好棱角，不留松散腻子痕迹。打磨完成后应打扫干净并用潮湿的布将打磨下来的粉末擦拭干净。

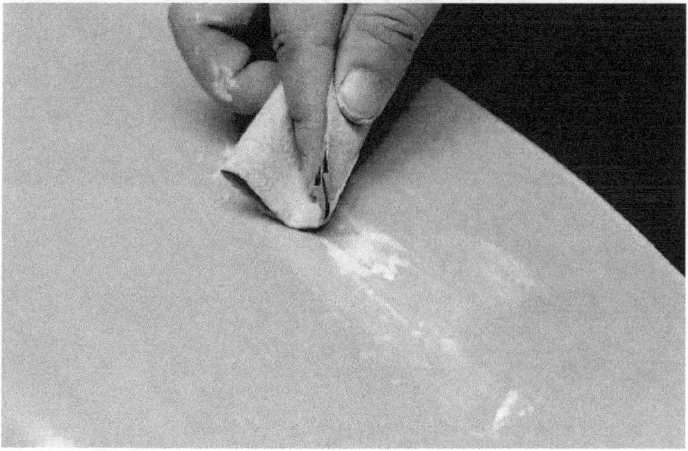

家具打磨

5.7.3 第一遍涂刷色漆

施工要点

色漆的几遍涂刷要求，基本上与清漆一样，可参考清漆涂刷进行监控。

第一遍涂刷色漆

5.7.4 打砂纸

施工要点

待腻子干透后，用 1 号以下砂纸打磨。在使用新砂纸时，应将两张砂纸对磨，把粗大的沙粒磨掉，以免打磨时把漆膜划破。

5.7.5 第二遍刮腻子

施工要点

待第一遍涂料干透后，对底腻子收缩或残缺处用石膏腻子刮抹一次。

5.7.6 第二遍涂刷色漆

施工要点

第二遍色漆涂刷完成之后，需要干燥几天，期间不可开窗，如灰尘积落在色漆表面，会影响成品效果。

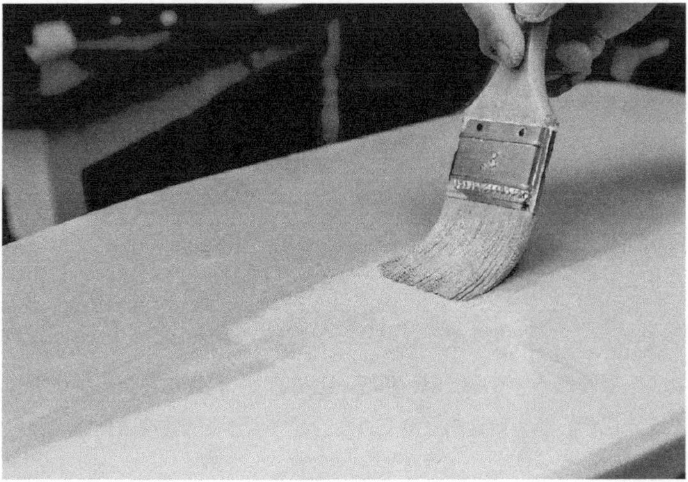

第二遍涂刷色漆

5.8 壁纸粘贴施工

使用工具

壁纸刀

卷尺

海绵

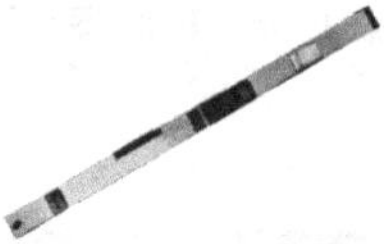
靠尺

刮板

施工流程

①调制基膜 — ②调制壁纸胶水 — ③裁剪壁纸 — ④涂壁纸胶 — ⑤铺贴壁纸

注意事项

基膜是一种专业抗碱、防潮、防霉的墙面处理材料，将其涂刷在墙面中，能有效地防止施工基面的潮气水分及碱性物质外渗，导致壁纸发霉。

5.8.1 调制基膜

施工要点

（1）利用辊筒和笔刷将基膜刷到墙面基层上。可以先用滚筒大面积地刷，边角地方则用笔刷刷，以确保每个角落都刷上基膜。

（2）壁纸基膜最好提前一天刷，如果气温较高，基膜在短时间内能干也可以安排在同一天。

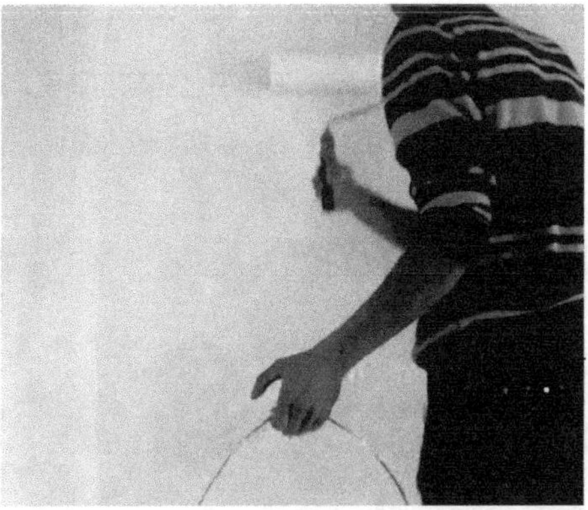

墙面滚刷

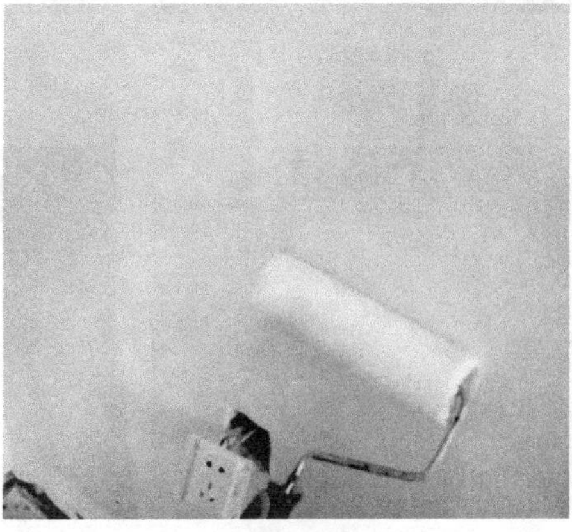

避开插座电源线

5.8.2 调制壁纸胶水

施工要点

壁纸胶水调制方法：取胶粉倒入盛水的容器中，调成米粉糊状，放置大约半个小时。用一根筷子竖插到容器里，不马上倒说明胶水浓度合适。然后加入胶浆，拌匀，以增加胶水黏性。

倒入胶粉

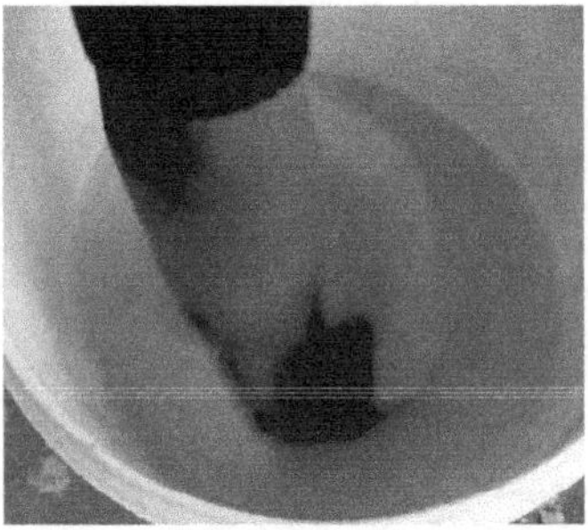
搅拌胶粉

加入透明胶浆

搅拌均匀

5.8.3 裁剪壁纸

施工要点

（1）测量墙面的高度、宽度，计算需要用多少卷数，以及壁纸的裁切方式。

测量壁纸

（2）根据测量的墙面高度，用壁纸刀裁剪壁纸。裁剪好的壁纸，需要按次序摆放，不能乱放，否则壁纸将会很容易出现色差问题。一般情况下，可以先裁 3 卷壁纸进行试贴。

裁切壁纸

5.8.4 涂壁纸胶

施工要点

（1）将壁纸胶水用滚筒或毛刷刷涂到裁好的壁纸背面。

（2）涂好胶水的壁纸需面对面对折，将对折好的壁纸放置 5~10min，使胶液完全透入纸底。

滚涂壁纸胶

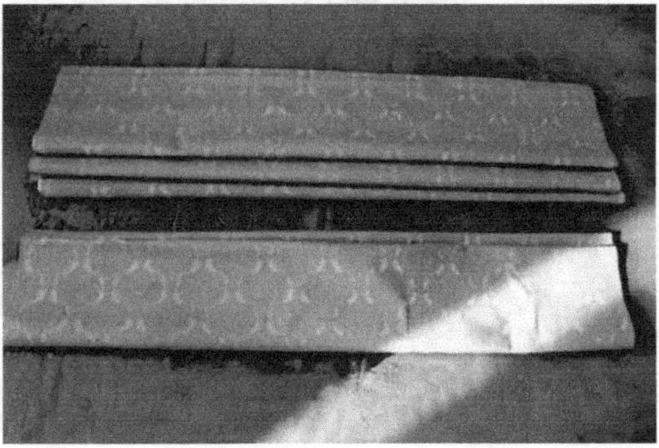

规矩堆放

5.8.5 铺贴壁纸

施工要点

（1）铺贴的时候可先弹线保证横平竖直，铺贴顺序是先垂直后水平，先上后下，先高后低。

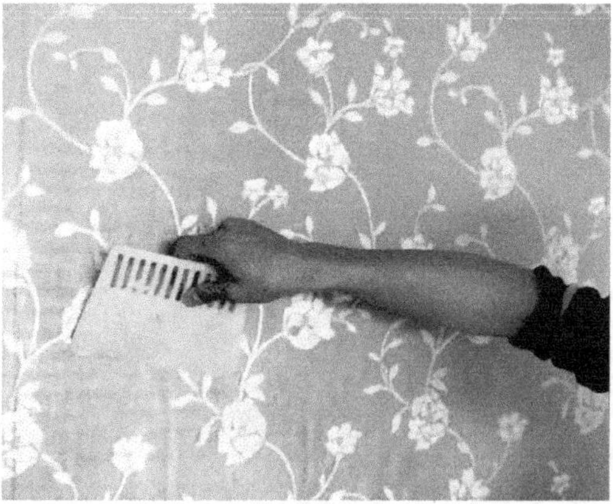

铺贴壁纸

（2）铺贴时用刮板（或马鬃刷）由上向下、由内向外地轻轻刮平壁纸，挤出气泡与多余胶液，使壁纸平坦地紧贴墙面。

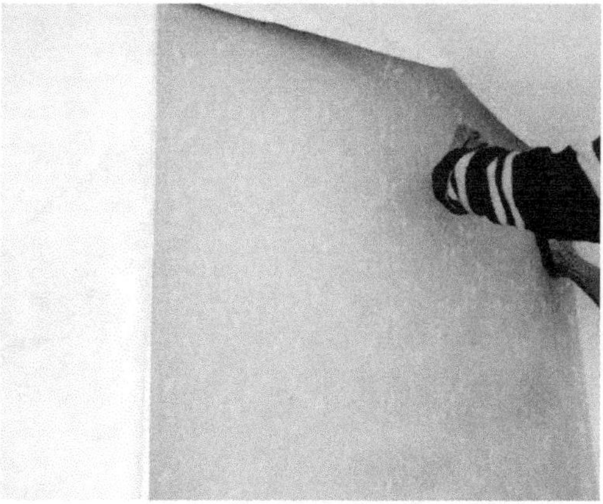

刮板挤出气泡

（3）壁纸铺贴好之后，需要将上下左右两端以及壁纸贴合重叠处的壁纸裁掉，最好选用刀片较薄、刀口锋利的壁纸刀。

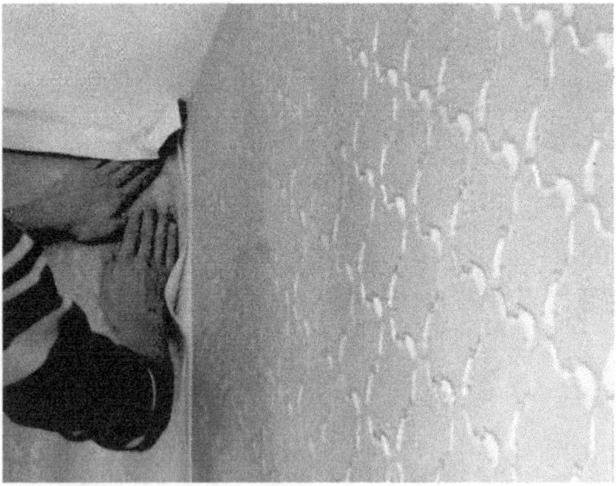

墙面阴角处理

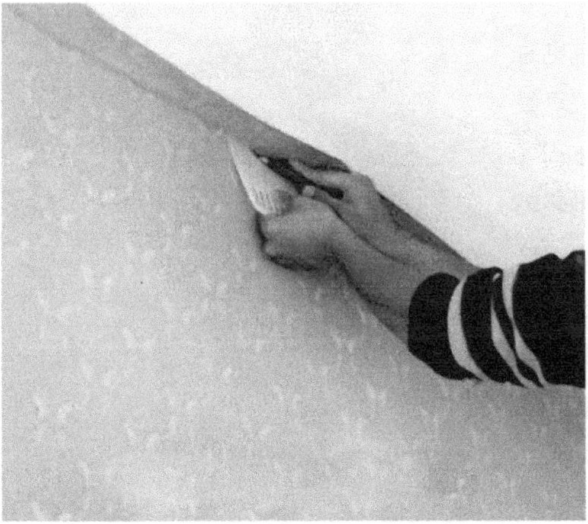

顶面阴角处理

（4）对于电视背景墙上的开关插座位置的壁纸裁剪，一般是从中心点割出两条对角线，就会出现 4 个小三角形，再用刮板压住开关插座四周，用壁纸刀将多余的壁纸切除。

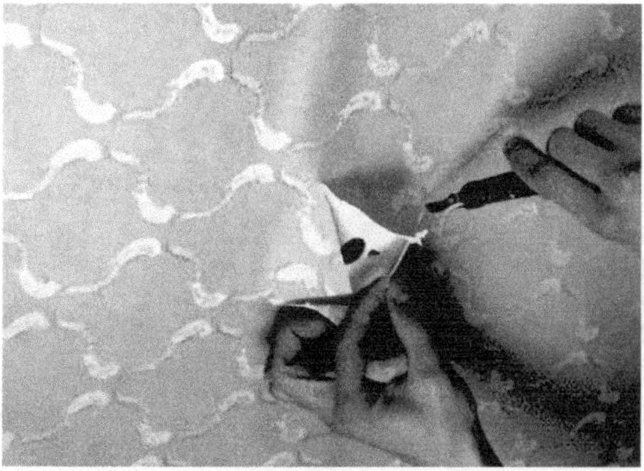

裁切十字口

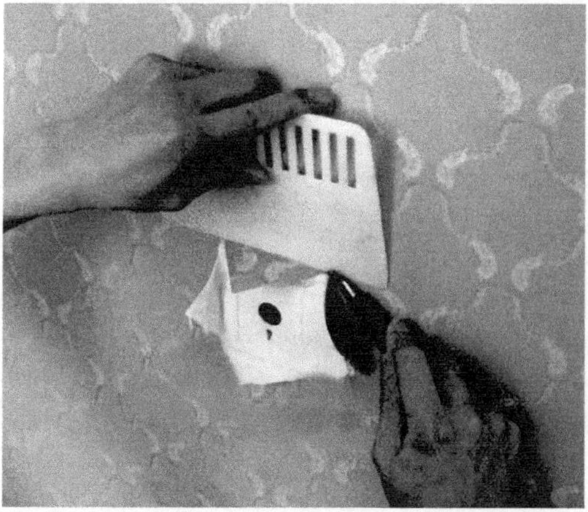

露出面板

5.9 硅藻泥施工

使用工具

镘刀

羊毛刷

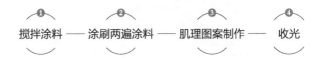

脚踏梯

施工流程

❶搅拌涂料 —— ❷涂刷两遍涂料 —— ❸肌理图案制作 —— ❹收光

注意事项

硅藻泥是一种流体的材料，需要先加水搅拌，然后涂刷到墙面中施工。

5.9.1 搅拌涂料

施工要点

在搅拌容器中加入 90% 的清水，然后倒入硅藻泥干粉浸泡几分钟，再用电动搅拌机搅拌约 10min，同时添加清水调节施工黏稠度，充分搅拌均匀后方可使用。

5.9.2 涂刷两遍涂料

施工要点

（1）第一遍涂刷厚度约 1mm，完成后约 50min，根据现场气候情况而定，以表面不粘手为宜，有露底的情况用料补平。

（2）涂刷第二遍，厚度约 1.5mm。总厚度在 1.5~3.0mm 之间。

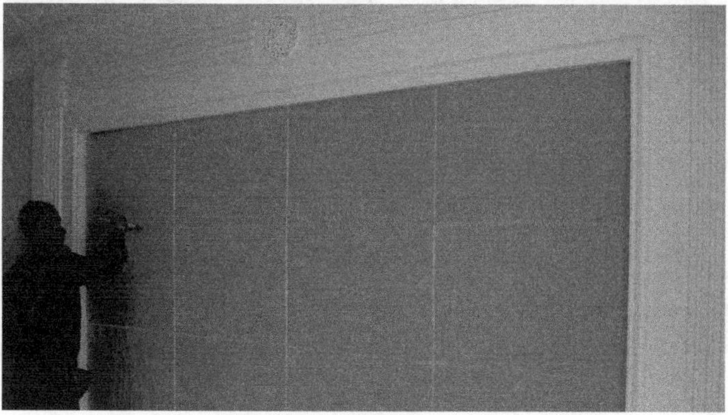

涂刷两遍涂料

5.9.3 肌理图案制作

施工要点

常见的肌理图案有拟丝、布艺、思绪、水波、如意、格艺、斜格艺麻面、扇艺、羽艺、弹涂、分割弹涂等，可任选其一涂刷在墙面中。

硅藻泥施工完成效果

5.9.4 收光

施工要点

制作完肌理图案后，用收光抹子沿图案纹路压实收光。

玫瑰花肌理图案

6 第六章 安装现场施工

安装现场施工是指安装卫生间内的洁具、厨房内的橱柜以及照明灯具。这三种类型所包括的安装项目超过十几种，大部分均属于家庭装修中的后期工程。洁具、橱柜以及照明灯具，需要在室内所有的工种均完成后，再进场安装。

6.1 水龙头安装

使用工具

钳子

生料带

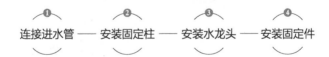

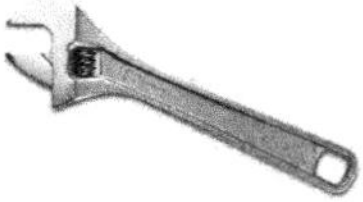

扳手

施工流程

①连接进水管——②安装固定柱——③安装水龙头——④安装固定件

注意事项

注意安装完要仔细查看出水口的方向，是否向内倾斜（向内倾斜的话，使用时容易碰到头），再使用感受一下，如果发现水龙头有向内倾斜的现象，应及时调节、纠正。

6.1.1 连接进水管

施工要点

把两根进水管接到冷、热水龙头的进水口处，如果是单控水龙头只需要接冷水管。

6.1.2 安装固定柱

施工要点

把水龙头固定柱穿到两根进水管上。

6.1.3 安装水龙头

施工要点

把冷、热水龙头安装到面盆上，面盆的开口处放入进水管。

6.1.4 安装固定件

施工要点

把固定件固定上，并把螺杆、螺母旋紧。

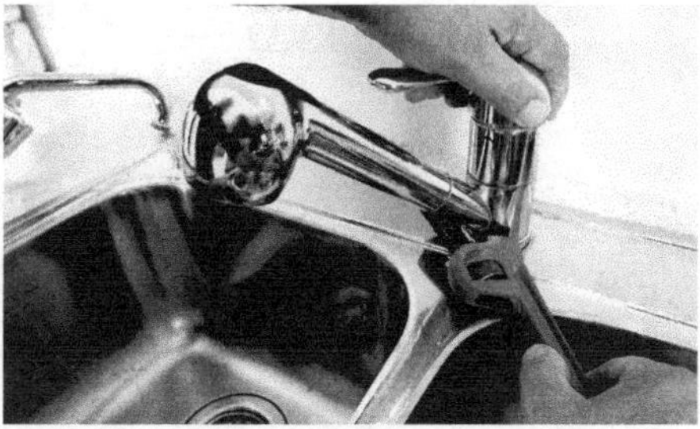

安装水龙头

6.2 洗菜槽安装

使用工具

钳子

生料带

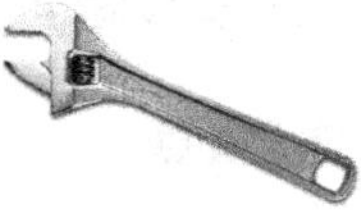

扳手

施工流程

①预留水槽孔——②组装水龙头——③放置水槽——④安装溢水孔下水管——⑤安装过滤篮下水管——⑥安装整体排水管——⑦排水实验——⑧洗菜槽四周打胶

注意事项

在安装完洗菜槽后一定要记得进行排水实验，避免后期发生漏水等情况。

6.2.1 预留水槽孔

施工要点

要给即将安装的水槽留出一定的位置，根据所选款式，告知橱柜公司开孔尺寸。

预留水槽

6.2.2 组装水龙头

施工要点

将水龙头各项配件组装到一起。

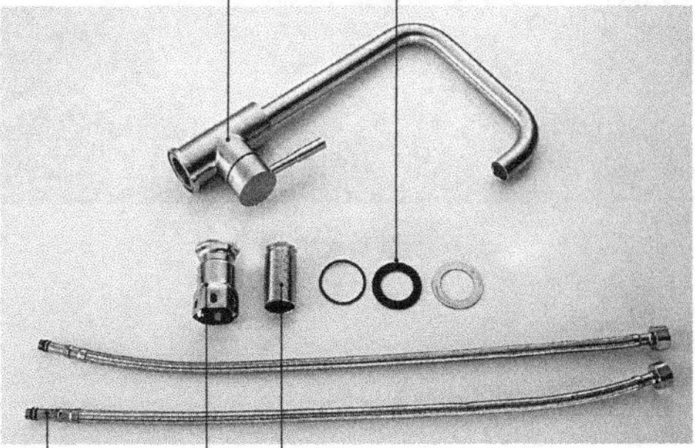

水龙头配件

6.2.3 放置水槽

施工要点

取出水槽，安装洗菜槽到台面豁口。

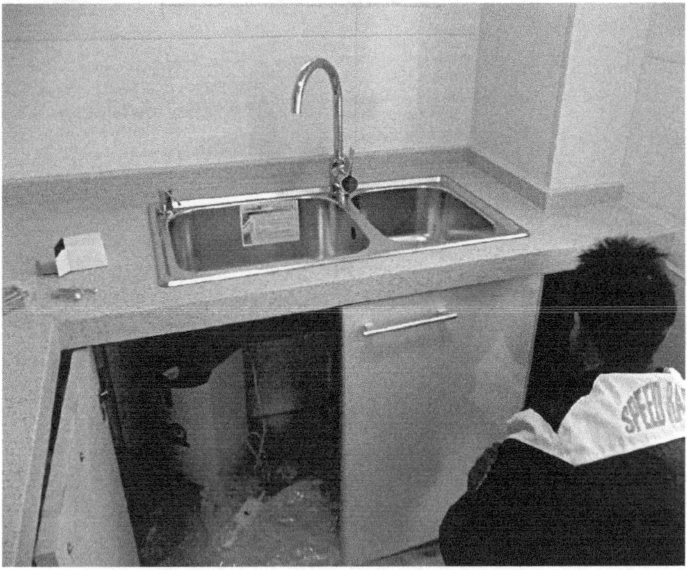

放置水槽

6.2.4 安装溢水孔下水管

施工要点

溢水孔是避免洗菜盆向外溢水的保护孔，因此在安装溢水孔下水管时，要注意其与槽孔连接处的密封性，要确保溢水孔的下水管自身不漏水，可以用玻璃胶进行密封加固。

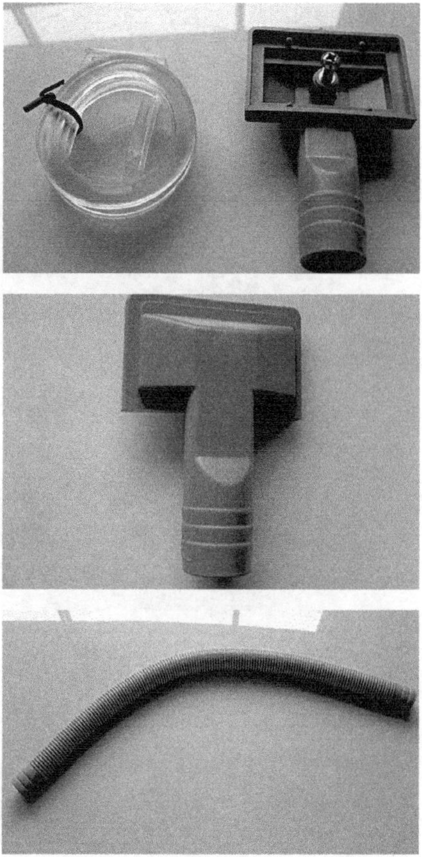

溢流孔下水管件

6.2.5 安装过滤篮下水管

施工要点

在安装过滤篮下水管时，要注意下水管和槽体之间的衔接，不仅要牢固，而且应该密封。

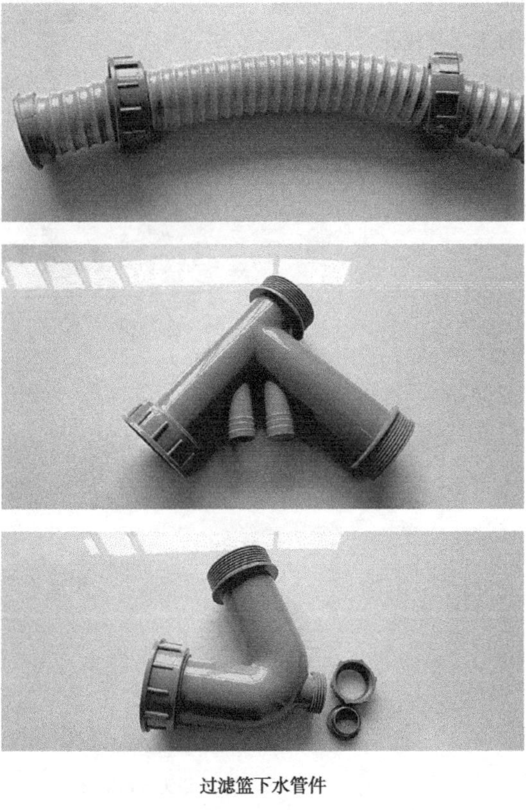

过滤篮下水管件

6.2.6 安装整体排水管

施工要点

安装时，应根据实际情况对配套的排水管进行切割，要注意每个接口之间的密封。

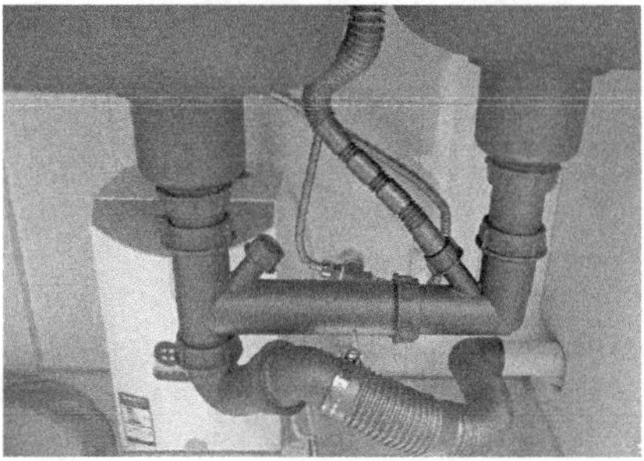

安装排水管

6.2.7 排水实验

施工要点

将洗菜盆放满水，同时测试两个过滤篮下水和溢水孔下水的排水情况。发现哪里渗水再紧固固定螺母或是打胶。

6.2.8 洗菜槽四周打胶

施工要点

做完排水试验，确认没有问题后，对水槽进行封边。使用玻璃胶封边，要保证水槽与台面连接缝隙均匀，不能有渗水的现象。

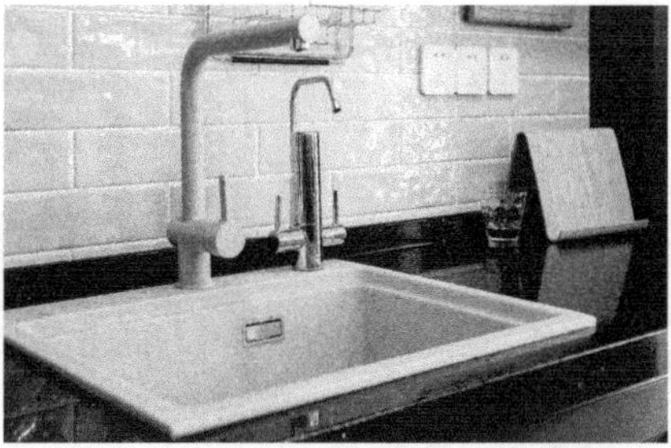

洗菜槽安装完成

6.3 洗面盆安装

使用工具

卷尺

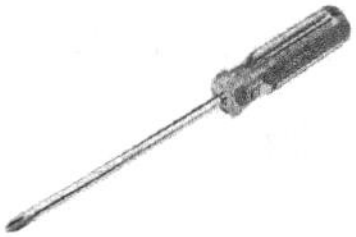

螺丝刀

冲击钻

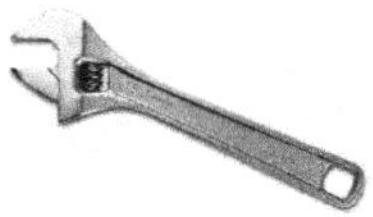

扳手

施工流程

❶ 测量台上盆尺寸 —— ❷ 安装落水器 —— ❸ 上玻璃胶 —— ❹ 安装台上盆

注意事项

台上盆安装的时候，可以先在水槽四周贴好防水胶圈，然后在防水胶圈的外围打上一圈玻璃胶。

6.3.1 测量台上盆尺寸

✍施工要点

安装台上盆前，要先测量好台上盆的尺寸，再把尺寸标注在柜台上，沿着标注的尺寸切割台面板，方便安装台上盆。

6.3.2 安装落水器

✍施工要点

把台上盆安放在柜台上，先试装上落水器，使得水能正常冲洗流动，锁住固定。

6.3.3 上玻璃胶

✍施工要点

安装好落水器后，就沿着盆的边沿涂上玻璃胶，使得台上盆可以固定在柜台面板上面。

6.3.4 安装台上盆

✍施工要点

涂上玻璃胶后，先将台上盆安放在柜台面板上，然后摆正位置。

洗面盆安装完成

6.4 坐便器安装

使用工具

角磨机

玻璃胶

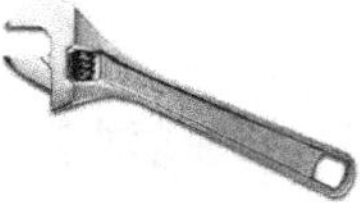

扳手

施工流程

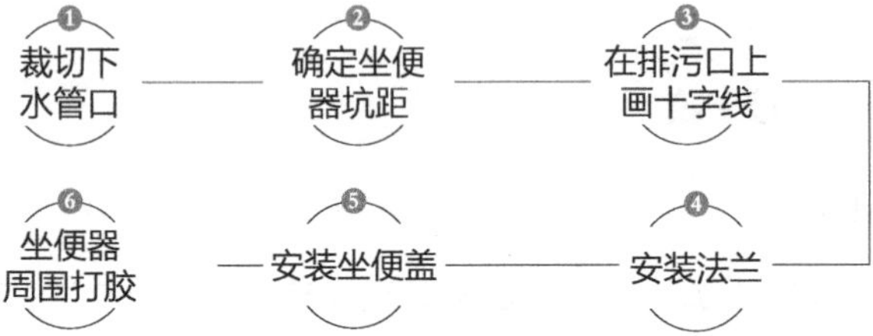

注意事项

安装角阀和连接软管时，要先检查自来水管，放水 3 ~ 5min 冲洗管道，以保证自来水管的清洁。之后安装角阀和连接软管，将软管与水箱进水阀连接并接通水源，检查进水阀进水及密封是否正常，检查排水阀安装位置是否灵活、有无卡阻及渗漏，检查有无漏装进水阀过滤装置。

6.4.1 裁切下水管口

施工要点

根据坐便器的尺寸，把多余的下水口管道裁切掉，一定要保证排污管高出地面 10mm 左右。

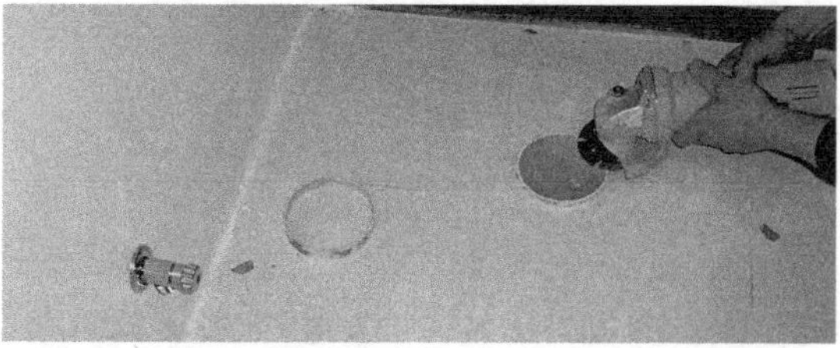

切割多余下的水管口

6.4.2 确定坐便器坑距

施工要点

确认墙面到排污孔中心的距离，确定与坐便器的坑距一致，同时确认排污管中心位置并画上十字线。

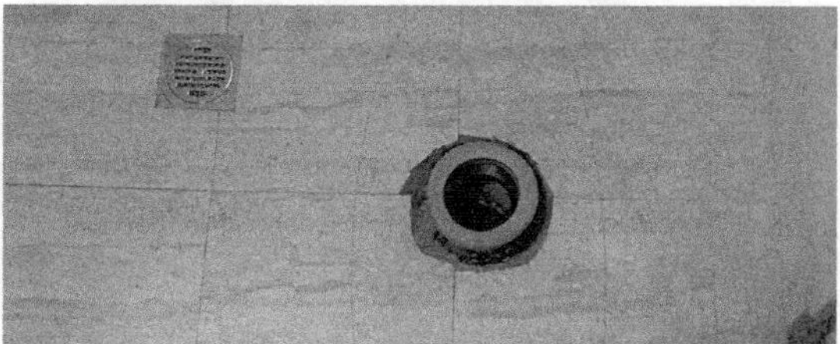

确定排污口

6.4.3 在排污口上画十字线

施工要点

翻转坐便器，在排污口上确定中心位置并画出十字线，或者直接画出坐便器的安装位置。

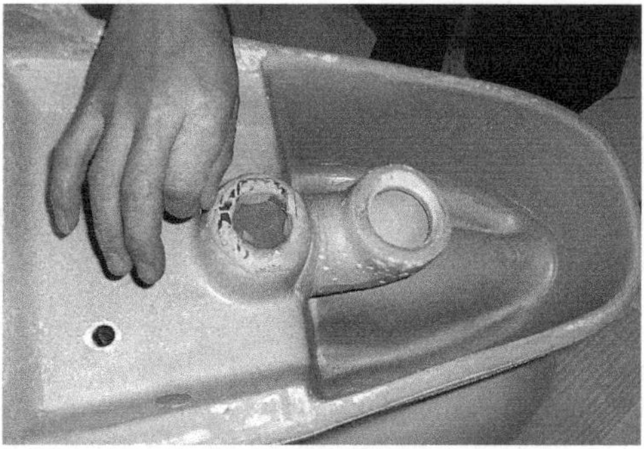

测量坐便器进深

6.4.4 安装法兰

施工要点

确定坐便器底部安装位置，将坐便器下水口的十字线与地面排污口的十字线对准，保持坐便器水平，用力压紧法兰（若没有法兰则要涂抹专用密封胶）。

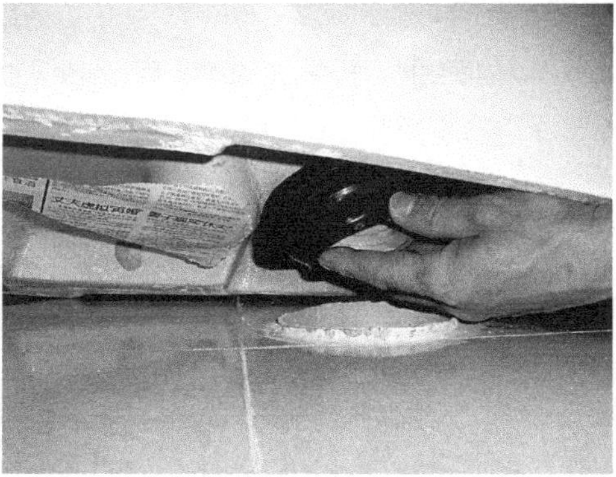

将法兰套到坐便器排污管上

6.4.5 安装坐便盖

施工要点

将坐便盖安装到坐便器上，保持坐便器与墙间隙均匀，平稳端正地摆好。

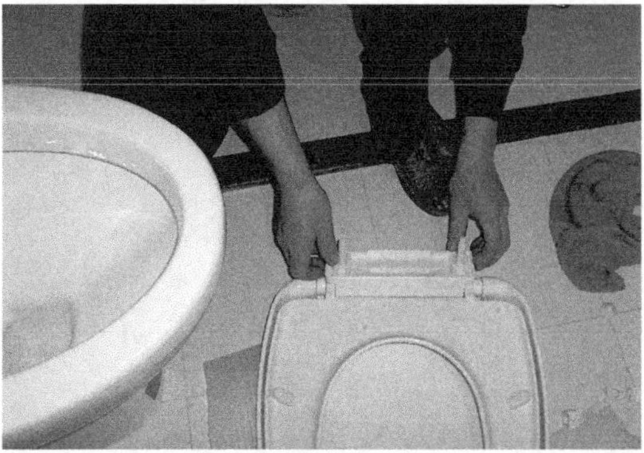

安装坐便盖

6.4.6 坐便器周围打胶

施工要点

坐便器与地表面交会处，用透明密封胶封住，可以把卫生间局部积水挡在坐便器的外围。

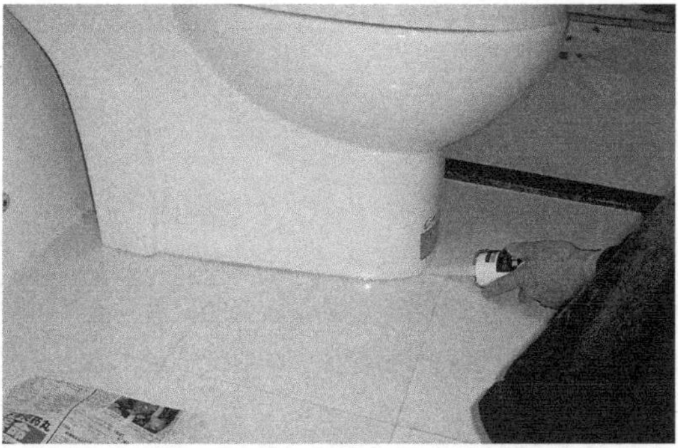

给坐便器周围打胶

6.5 地漏安装

使用工具

钳子

水平尺

扳手

施工流程

❶标记位置——❷安装地漏主体——❸安装防臭芯塞——❹测试坡度以及地漏排水效果

注意事项

安装地漏时要尽量装在较低的位置，最好利用地砖向地漏铺出坡度。安装时最好在地漏位置铺整砖，换言之将地漏安到一块砖的正中间，对角线打开。

6.5.1 标记位置

施工要点

摆好地漏，确定其大概的位置，然后画线、标记地漏位置，确定待切割瓷砖的具体尺寸（尺寸务必精确），再对周围的瓷砖进行切割。

6.5.2 安装地漏主体

施工要点

以下水管为中心，将地漏主体扣压在管道口，用水泥或建筑胶密封好。地漏上平面低于地砖表面 3~5mm 为宜。

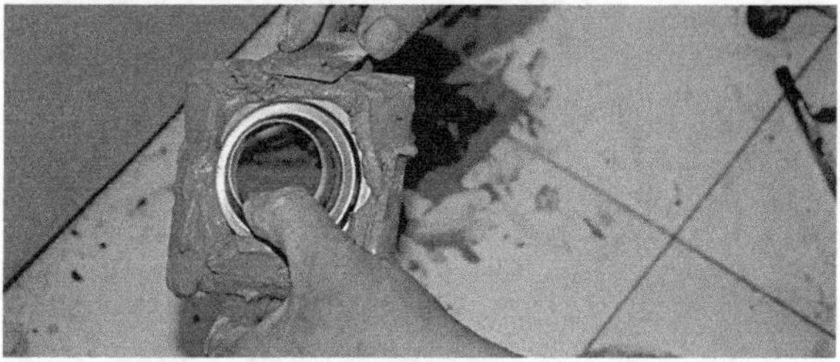

均匀涂抹水泥

安装扣严

6.5.3 安装防臭芯塞

施工要点

将防臭芯塞进地漏体，按紧密封，盖上地漏箅子。

安装防臭芯

盖上箅子

6.5.4 测试坡度以及地漏排水效果

施工要点

安装完毕后，可检查卫生间泛水坡度，然后再倒入适量水看是否排水通畅。

测量坡度

倒水检查

6.6 组装灯具安装

使用工具

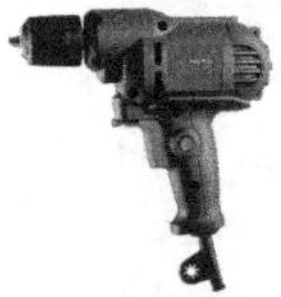
冲击钻

测电笔

电工钳子

螺丝刀

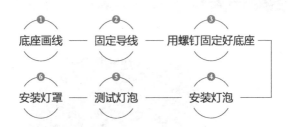

施工流程

1. 底座画线
2. 固定导线
3. 用螺钉固定好底座
4. 安装灯泡
5. 测试灯泡
6. 安装灯罩

注意事项

将灯具部件连成一体，灯的穿线长度要适宜，对于多出的线头应搪锡，要注意区分火线和零线，将线路理顺。

6.6.1 底座画线

✍ 施工要点

对照灯具底座画好安装孔的位置，打出尼龙栓塞孔，装入栓塞。

装入栓塞

6.6.2 固定导线

✍ 施工要点

将接线盒内的电源线穿出灯具底座，用线卡或尼龙扎带固定导线，以避开灯泡发热区。

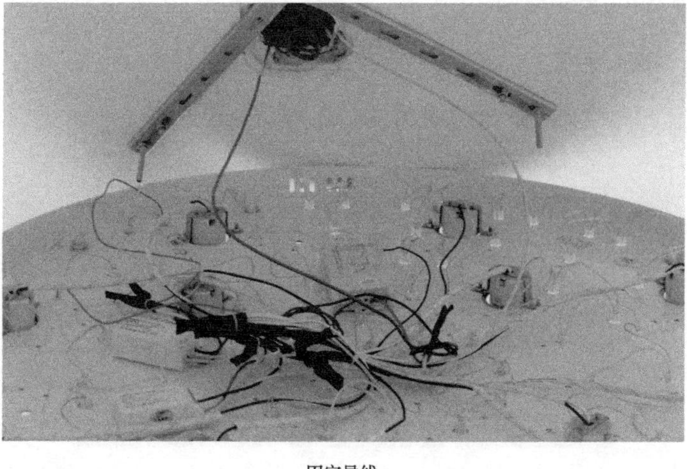

固定导线

6.6.3 用螺钉固定好底座

施工要点

将底座按照正确的位置固定到十字架中，对准螺孔，用螺钉固定。

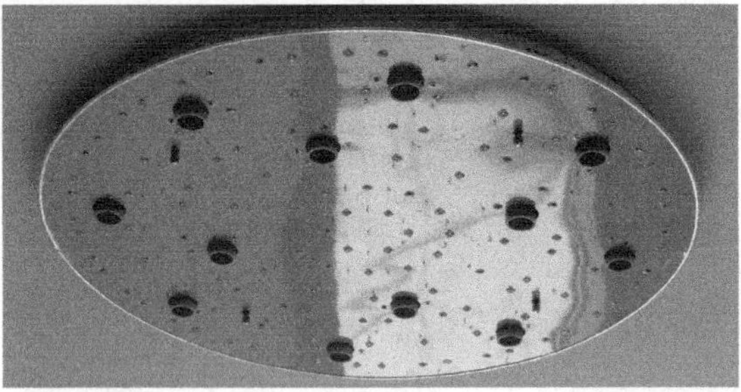

安装底座

6.6.4 安装灯泡

施工要点

依次将灯泡安装到底座中，并拧紧。

安装灯泡

6.6.5 测试灯泡

施工要点

打开控制照明灯具的空气开关，然后按动开关，测试灯泡照明是否正常。此过程需多重复几次。

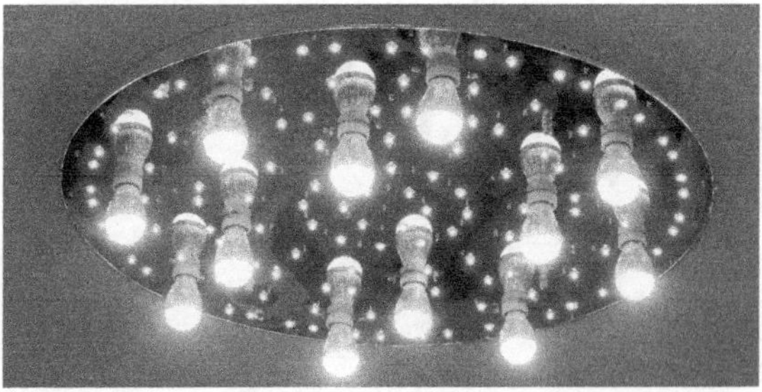

测试灯泡

6.6.6 安装灯罩

施工要点

将灯罩对准螺旋孔，安装到位，并拧紧。

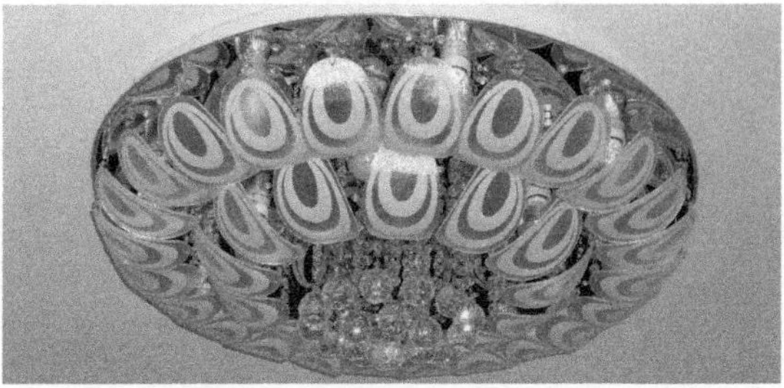

安装灯罩

6.7 筒灯、射灯安装

使用工具

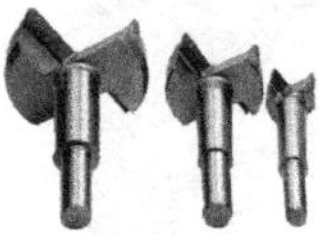

开孔器

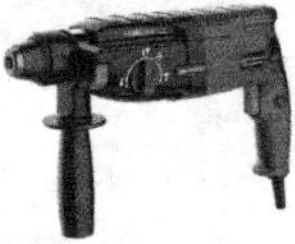

电钻

螺丝刀

施工流程

① 开孔定位，吊顶钻孔 —— ② 接线 —— ③ 将筒灯安装进吊顶内 —— ④ 开关筒灯，测试筒灯照明是否正常

注意事项

筒灯开孔尺寸

单位：mm

灯具直径	开孔尺寸
ϕ125	ϕ100
ϕ150	ϕ125
ϕ175	ϕ150

6.7.1 开孔定位，吊顶钻孔

施工要点

根据设计图线在吊顶画线，并准确开孔。孔径不可过大，避免后期遮挡困难。

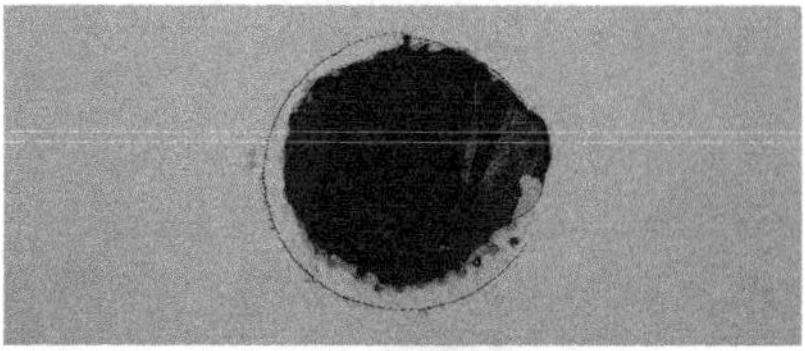

根据吊顶画线位置开孔

6.7.2 接线

施工要点

将到导线上的绝缘胶布撕开，并与筒灯相连接。

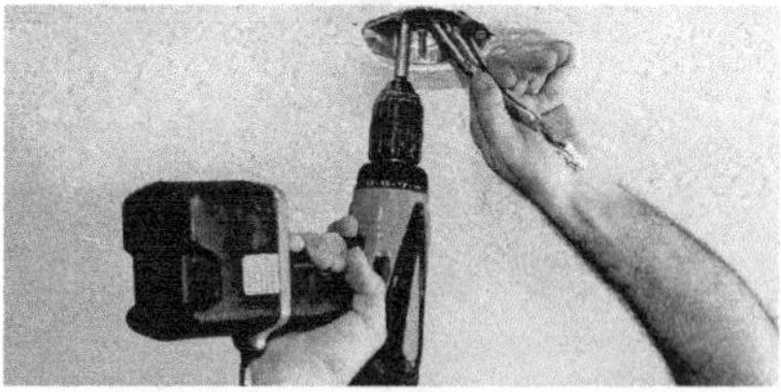

接线

6.7.3 将筒灯安装进吊顶内

施工要点

将筒灯安装进吊顶内，展开筒灯两侧的弹簧扣，卡在吊顶内侧。

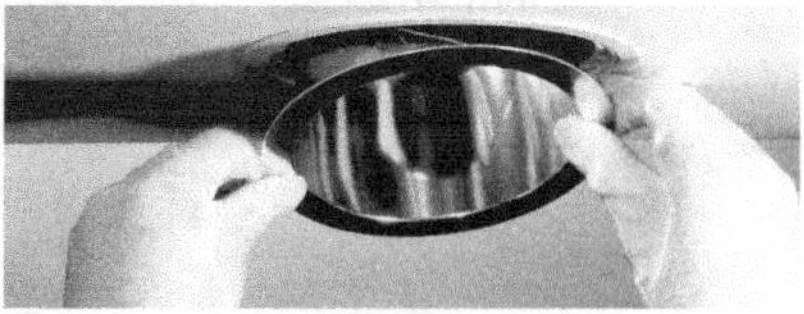

安装筒灯

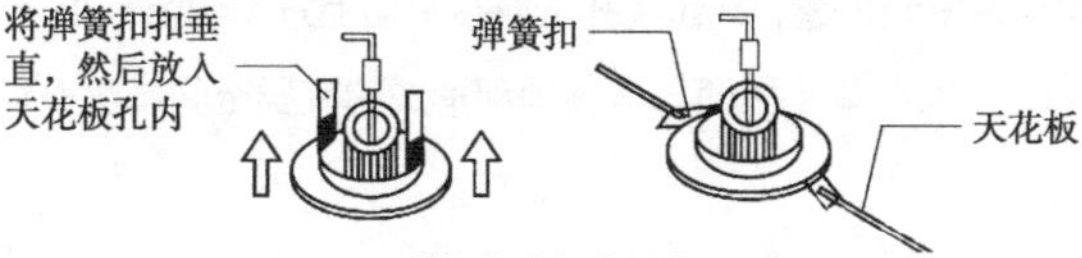

筒灯安装细节示意

6.8 浴霸安装

使用工具

密封胶带

钳子

施工流程

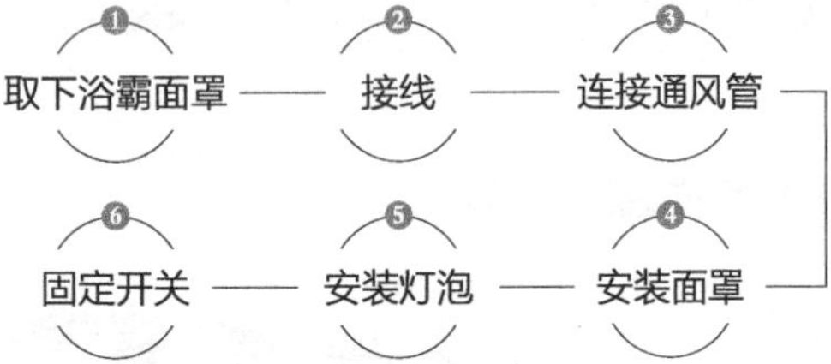

注意事项

安装之前，要先进行准备工作，准备工作包括：确定浴霸类型；确定浴霸安装位置；开通风孔（应在吊顶上方 150mm 处）；安装通风窗；吊顶准备（吊顶与房屋顶部形成的夹层空间高度不得小于 220mm）。

6.8.1 取下浴霸面罩

施工要点

取下面罩，把所有灯泡拧下，将弹簧从面罩的环上脱开并取下面罩。

6.8.2 接线

施工要点

交互连软线的一端并与开关面板接好，另一端与电源线一起从天花板开孔内拉出，打开箱体上的接线柱罩，按接线图及接线柱标志所示接好线，盖上接线柱罩，用螺栓将接线柱罩固定，然后将多余的电线塞进吊顶内，以便箱体能顺利塞进孔内。

6.8.3 连接通风管

施工要点

把通风管伸进室内的一端拉出后，再将其套在离心通风机罩壳的出风口上。

连接通风管

6.8.4 安装面罩

施工要点

将面罩定位脚与箱体定位槽对准后插入，把弹簧勾在面罩对应的挂环上。

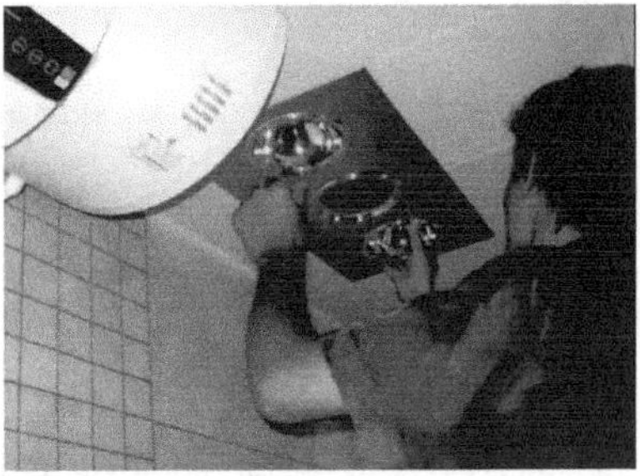

安装面罩

6.8.5 安装灯泡

施工要点

细心地旋上所有灯泡，使之与灯座保持良好的接触，然后将灯泡与面罩擦拭干净。

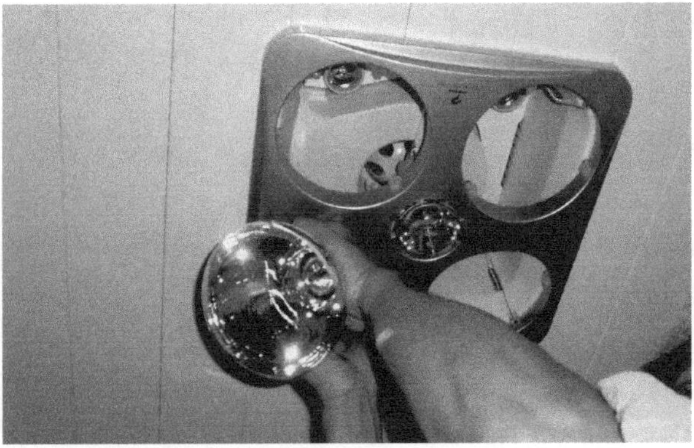

安装灯泡